梦想是要有的，万一实现了呢

译夫◎编著

中国纺织出版社

内容提要

通往梦想的道路是充满艰难坎坷的，对于梦想，绝不会有人一蹴而就，或轻松地如愿以偿。难道我们就要因此而放弃梦想吗？当然不是，梦想还是要有的，万一实现了呢？只有怀着期许，才能得到人生最美好的馈赠。

本书从价值观出发，深刻分析人的心理状态，从而帮助紧张忙碌、日趋浮躁的现代人树立梦想，拥有理想，当机立断戒除拖延，展开行动。本书告诉人们，只有梦想是远远不够的，必须有行动、毅力作为支撑，才能让梦想发扬光大，也才能让人生更加美好。

图书在版编目（CIP）数据

梦想是要有的，万一实现了呢 / 译夫编著.--北京：中国纺织出版社，2018.8（2023.10重印）
ISBN 978-7-5180-5169-4

Ⅰ.①梦… Ⅱ.①译… Ⅲ.①成功心理—通俗读物 Ⅳ.①B848.4-49

中国版本图书馆CIP数据核字（2018）第134741号

责任编辑：闫　星　　特约编辑：李　杨　　责任印制：储志伟

中国纺织出版社出版发行
地址：北京市朝阳区百子湾东里A407号楼　邮政编码：100124
销售电话：010—67004422　传真：010—87155801
http：//www.c-textilep.com
E-mail：faxing@c-textilep.com
中国纺织出版社天猫旗舰店
官方微博http://weibo.com/2119887771
新乡市龙泉印务有限公司印刷　各地新华书店经销
2018年8月第1版　2023年10月第3次印刷
开本：880×1230　1/32　印张：6.5
字数：160千字　定价：68.00元

前言

关于梦想，马云曾经说过一句非常经典的话——梦想还是要有的，万一实现了呢？当然，这并非是马云在还是追梦少年时说的，而是在他以正确的方式打开梦想，且实现梦想时才说的。正是因为有了成功实现梦想的验证，马云才会如此自信地把一句原本模棱两可的话说得这么信誓旦旦，也以切身经历点燃了无数人心中的希望。

的确，梦想还是要有的，万一实现了呢？习近平总书记也曾说过，只要坚持，梦想总是可以实现的。如果说马云的那句话多多少少还隐晦地带着些不确定的意味，那么习总书记的话则给全国人民吃了定心丸。要想实现梦想，就要坚持，唯有坚持才是通往梦想的必经之路，也唯有坚持，才能给予梦想实现的力量。

在大多数人心中，梦想是让人心情激动、热血澎湃的词语，哪怕是仅仅说起梦想，他们也会觉得寝食难安，恨不得第一时间就创造生命的奇迹。这当然是好事，因为只有热情与激情才能点燃梦想，帮助我们树立远大的梦想，但是在拥有梦想之后，更为重要的是坚持梦想。唯有坚持，我们才能在通往梦想的道路上走得更长远；也唯有坚持，我们才能在充满艰难崎岖的梦想道路上砥砺前行。当你为梦想感到疯狂时，千万不要迷失自己，不忘初心，方得始终，有了梦想，只是拥有实现梦想的前提条件，更重要的是能够在树立梦想之后坚决果断地采取行动，以实际行动推动自己向着梦想前行，也才能真正成为追梦人。

记住，梦想不是乌托邦，更不是空想，不是躺在床上随意地去想象就得以实现。对于每一个追梦人而言，梦想都是真实的，甚至触手可及，他们唯一需要做的就是让自己变成追风少年，在梦想的道路上如同风一般前行。

毋庸置疑，实现梦想的道路绝不可能是平顺的，要想实现梦想，我们就必须战胜一切的艰难坎坷，顽强地与命运抗争，也要对人生充满无穷的想象，具备充分的创新能力。一个安守本分、墨守成规的人，很难成为造梦人，自然也就不可能成为追梦人。常言道，生命不息，折腾不止，告诉我们梦想能为生命注入活力。既然梦想如此重要，我们就一定要努力创造梦想，也为人生缔造奇迹。记住，任何时候都不要放弃梦想，尝试也许会失败，但是放弃则会使人彻底失去实现梦想的可能性。

朋友们，不管你是普通人，还是与众不同的人，你的生命都需要梦想的指引和滋养。在这个世界上，没有谁的人生能够一马平川，既然如此，我们又何必要奢求人生总是顺遂如意呢！记住，世界上没有免费的午餐，也不可能有天上掉馅饼的好事，不管你的梦想多么远大，你都要脚踏实地，一步一个脚印地往前走。只有平凡坚强的心才能铸就伟大的梦想，创造充满奇迹的生命，所以给梦想时间，也给自己希望吧，一定要相信自己：只要坚持，就能实现梦想！

编著者

2018年4月

目 录

第 01 章

人生有梦想，才能不迷茫

梦想是人生的引航灯，人人都想拥有充实圆满的人生，却不知道人生一旦缺乏梦想，就像是在漫无边际的大海上航行一样，根本找不到方向。毋庸置疑，人生原本就是艰难的，正所谓人生不如意十之八九，面对人生，唯有鼓起信心和勇气、绝不放弃，才能奋发向上，有所收获。所以，有梦想的人生才能摆脱迷茫，也唯有有梦想的人生才能昂扬向上。

失去梦想，人生毫无方向

有人说，人生是一场没有归途的旅程，在不断向前的人生中，每个人要想收获命运的馈赠，就必须树立梦想，为自己指明方向。还有人说，人生如同在茫无边际的大海上航行，每当遭遇坎坷和挫折的时候，就像是遭遇根本不可能突破的沉重而漫无边际的黑暗，只能就这样渐行渐远。实际上，要想解决这些人生的困境并非毫无办法，每个人最应该做的就是在人生的道路上踯躅前行，在梦想的指引下明确人生的方向，这样才能奋勇向前，哪怕遭遇狂风巨浪也绝不退却，更不担忧和恐惧。

是否有梦想，对于人生实在是有着深远的意义，也会让人生变得截然不同。

曾经有3个农民工一起在城市里打工，都是最普通的建筑工人。在夏日炎炎之中，他们光着膀子正在砌砖，在太阳的炙烤下，他们的后背黝黑而又油光闪烁，似乎是一块块黑漆漆的砖。一名记者来采访这3位工人，问他们：“师傅们，你们辛苦了。请问，你们正在做什么呢？”一个工人愁眉苦脸地说：

“还能干什么，比要饭的强不了多少，吃着猪狗食，干着牛马活儿，觉得生活一点儿盼头都没有。”第二个工人说：“我正在砌墙呢，挣了钱才能养家糊口。”第三个工人很认真地想了想，说：“我正在建造高楼大厦，这里将会是地标性建筑，是整个城市的标志。简直难以想象，这么伟大的建筑，我居然参与了建设，我也很伟大。我相信，以后我也会成为设计师，为这个城市设计和建造独特的建筑。”若干年后，第一个工人依然愁眉苦脸地在建筑工地上讨生活；第二个工人成了小小的队长，负责带着几个工人干活；而第三个工人则成为伟大的建筑设计师，每天出入高档写字楼，有的时候还会去工地上指导工作呢！在这座城市里，第三个工人真的亲手设计出有意义的建筑，也因此而在城市的历史上留下了自己的名字。

看完这个故事，相信很多朋友都会对梦想的意义有了更深刻的认识。同样作为建筑工人，在人生之中处于相同的起点，为何第一个和第二个工人都不能成为设计师，只有第三个工人能成为真正的设计师，创造人生的奇迹呢？正是因为第三个工人有理想、有志向，所以他才能够透过艰难的生活本质，看到梦想的光芒和希望的所在。正如大文豪高尔基所说，每个人唯有不断地向着人生的目标前进，才能提升和完善自己，也才能让自己变得才华横溢，成为能够实现自身的价值且对社会有益的人。对于每个人而言，这都是颠扑不破的真理，如果仅仅把梦想停留在空想阶段，从来不在真正意义上认识梦想，最终梦想就会成为人生的禁锢，也会导致人生变得苍白无力。

有梦想，不仅要放在心里，更要勇敢地说出来。一旦说出来，梦想就会成为对自己的承诺，一旦告诉别人，梦想也会成为激励和鞭策人们进步的力量。既然人生如同在暗夜里行船，让原本就没有明确道路的航行变得更加迷惘，那么我们就要真正扎根于梦想，让梦想成为人生的引航灯，指引着人生不断进步，积极向上。细心的朋友会发现，古往今来，大多数成功者并非是独具天赋的人，相反，他们之中不乏资质平庸者，而且饱尝生活的艰辛。但为了实现人生的终极目标，他们从来不抱怨厄运，而是鼓起勇气面对人生，把控人生。从这个角度而言，每一个有梦想的人都是志向远大且拥有顽强意志力的人。在通往梦想的道路上，我们一定要坚持不懈，绝不放弃，才能赢得梦想的青睐，才能在人生之路上越走越远，直到到达理想的彼岸。

目光短浅的人，使人生受限

很久以前，一只小青蛙生活在井底，每天除了在井底玩耍之外，它也会抬头看着井口上方高远的天空。它常常想：“井口上面，到底有些什么呢？如果只有这如同白板一样的天幕，那可真没有什么好玩的，还不如我的井底世界精彩呢！”这样想着，小青蛙在井底生活得很快乐，从未想过自己有朝一日能够去到井上，见识更加精彩的大千世界。有一年夏天，雨水很多，另一只小青蛙被水流冲到井底。看到井底之蛙，小青蛙对井底之蛙说：“兄弟，你怎么也在这里，我就够倒霉了，没想到你和我一样倒霉。”井底之蛙莫名其妙，反问：“为什么你说自己倒霉呢，还说我也倒霉？”小青蛙哈哈大笑起来：“被从外面的精彩世界冲到这个人间地狱，不倒霉吗？希望早点儿有人来打水，这样我就可以逃离这里了。”井底之蛙笑着说：“我看你根本不知道这里的好呢！这里有很多乐趣，我从出生就住在这里，从未离开过。”小青蛙惊讶极了：“你一直在井底生活，从未到过地面上吗？”井底之蛙点点头。小青蛙马上给井底之蛙讲地面上的精彩生活，井底之蛙不为所动，说：“我可不想离开这里……”正当此时，井上面吊下来一个水桶，小青蛙急忙喊道：“哥们儿，一起走吧，离开这里！”井底之蛙摇摇头，说：“上面也就那么大的天，还不如生活在这里快乐呢！再见！”就这样，小青蛙跳入水桶，最终回到了地面世界，而井底之蛙却一直在井底生活，孤独终老。

很多朋友都曾读过《井底之蛙》的故事，也知道井底之蛙之所以目光短浅，就是因为它从来没有看过地面上的世界。虽然人人都因为这个故事的深刻寓意而哑然失笑，但是现实生活中，偏偏有很多人就和井底之蛙一样只能看到眼前的生活，丝毫没有想过人生还有其他更多的可能性，更不知道世界是天高地阔的，也是精彩无限的。有些人抱怨生命的枯燥乏味，却不知道生命的枯燥乏味，只是人生的表象，一个人要想了解生活、深入生活，就必须透过人生的表象洞察人生的真相，这样才能开阔眼界、拓宽视野，从而让人生拥有无限的可能性。

眼界是否开阔，对于人生的发展有着至关重要的影响。一个人如果总是目光短浅、视野狭窄，根本不可能真正做到在人生中果断从容，也不可能拥有美好的未来。例如面对同一件事情，目光短浅的人会因为恐惧而退缩，不敢放开手脚去干。众所周知，现代社会，如果不能当机立断抓住机会，也许机会转眼间就消失了。相反，那些目光长远、视野开阔的人则能够看得更远，从而具有一定的前瞻性，也能够预见未来的模样，因而更加拼尽全力拓展人生的可能性，也最大限度创造和实现人生。

现实生活中，人们常常抱怨命运的残酷，又希望拥有充实而又成功的人生。却不知道在人生的道路中，每个人唯有更大限度打开心扉，让自己的人生勇敢果决，才能挣脱内心的囚牢，在人生中拥有大开大合的天地和未来。所谓心牢难破，如果一个人被禁锢于自己的内心，因为命运的反复无常而不断地否定自己、质疑自己，那么试问自己都不能相信自己，又如何奢求别人能够相信他呢！

每个人都是社会的一员，都必须在与他人的相处中更好地生存下来。现代社会，随着时代的不断发展，人与人之间的分工合作越来越密切，几乎没有任何人能够摆脱他人而独立生存。越是如此，我们越是应该战胜自己、超越自我，才能海阔凭鱼跃，天高任鸟飞。曾经有人说，男人靠着拳头征服世界，而女人靠着征服男人征服世界。实际上，不管是男人还是女人，归根结底唯有战胜自我，才能真正地征服世界。否则，一旦陷入心牢之中无法自拔，哪怕有再强大的力量，哪怕人生面临着再多的可能性，只怕也难以获得成功。

正如人们常说的，每个人最大的敌人都是自己、唯有超越自己、战胜自己，一个人才可能有大的发展。如果一味地沉浸在自怨自艾的情绪中无法自拔，也不知道怎样才能战胜自己，那么最终吃亏的一定是自己。朋友们，记住，你是你的敌人，你也是你的上帝。当你战胜自己，你就成为自己的上帝；当你败给自己，你也就成为自己的地狱。拯救自己，只在你的一念之间；战胜自己，也在你的一念之间。唯有坚持下去，给自己更多的胜算，你的人生才会有更多的可能性，也才会变得与众不同、出类拔萃！

目标明确，让人生一往无前

人生的道路并非总是平顺的，而是充满坎坷与挫折，导致行走人生之路的人也常常因为坑坑洼洼摔得鼻青脸肿。面对这样的人生，我们到底应该怎么做，才能走得更好，也更长远呢？正如古人所说，山穷水尽疑无路，柳暗花明又一村。对于人生而言，唯有找寻到属于自己的目标和方向，才能摒弃那些毫无意义的干扰因素，让人生勇往直前。

作为美国大名鼎鼎的文学家，艾默生对于人生有自己独到的理解和见识。他曾说过，如果一个人知道人生的目的地，那么整个世界都无法阻挡他前进的脚步。对于这句话也许每个人都有自己的理解，但是这句话却告诉每个人，必须目标明确，才能让人生一往无前。很久以前，曾经有个朋友从事职业规划与咨询工作，对于人生的理解，他自然因为见过了太多人的人生而更加深刻。他说，对于年轻人而言最可怕的不是缺乏经验和历练，也不是没有雄厚的经济基础，而是他们的内心总是倍感煎熬，因为他们不知道人生的方向到底在什么地方。听到这样的真知灼见，相信很多为了职业发展和人生规划而苦恼的年轻朋友一定深有感触。的确，随着时代的发展，物质水平不断提高，人的心也越来越浮躁。人如果一味地沉浸在现实生活的无奈中无法自拔，也不知道人生的出路在哪里，那么他们一定是迷惘的。很多年轻人对于人生倍感无奈，甚至在面对人生选择的时候不知道自己应该抓住什么、放弃什么，那么就应该反思自己，扪心自问想要怎样的人生。

对于人生，每个人的追求和目标都是不同的。有的人把岁月静好当成人生的终极目标，有的人却觉得人生就应该轰轰烈烈，哪怕如同飞蛾扑火，也要赢得片刻的辉煌。对于每个人而言，他们不但是世界上独一无二的生命个体，也对于人生有着极具个性的理解。当回首往事的时候，我们不能因为眼下所拥有的就感到满足，更不能因为自己还没有得到很多就妄自菲薄。每个人都有自己的成功，每个人的成功都不应该盲目模仿他人，更不应该在无奈的情况下轻易放弃。如今的职场上，很多刚毕业的大学生面对严峻的就业形势，或妄自菲薄或盲目骄傲自大。殊不知，这两种极端的情绪都是不足取的。作为一个明智的人，只有客观地认知自己、准确地评价自己，才能拨开现实的迷雾，在人生道路上更加勇往直前。如果内心茫然失措，轻则不知道该往何处发力，重则虽然非常努力，但是却不能找到正确的方向，因而导致人生南辕北辙。

很多人都听说过《南辕北辙》的故事，也一定知道即使具备有利的条件，如果方向错了，也会导致有利条件变成不利条件，甚至对事情起到完全相反的作用和效果。对于每个人而言，人生都是如此，不管是拥有天赋的得天独厚者，还是能力平平者，首先都要确立人生的方向，才能让自己的付出有所收获，也才能让人生事半功倍。

作为已经在公司工作了10年的老员工，小雅当然知道自己几乎没有继续发展的空间。为此，她从两三年前就动了改行的心思，众所周知，隔行如隔山，对于已经30多岁的小雅而言，还有家庭需要照顾，改行又谈何容易呢？为此，虽然小雅早就动了改行的心思，却一再拖延下去，根本不知道怎样才能彻底改变自己。过了38岁生日，小雅知道自己已经不折不扣地奔四了，但是对于工作上的问题却始终没有痛下决心。尤其是在夜深人静的时候，小雅常常感到内心凄凉，也觉得前途茫然。她不止一次下决心要改变，但是等到明天的太阳照常升起之后，她又把决心抛到脑后了，开始了浑浑噩噩的新的一天。

事例中小雅的状态，相信生活中有很多朋友都曾经历过，甚至还对小雅绝望的感触深有体会。然而，人生不是和尚撞钟，除了要做好最简单的工作外，还要拥有理想和抱负，才能有激情和热情，才能充满信心和勇气。所以对于那些总是蒙混度日的朋友而言，最可怕的不是在人生中退却，也不是不知道如何面对人生，而是不能接受人生的挑战，真正地超越和战胜自己。

也许还会有朋友说：“我不知道自己是否有能力走好人生之路！”这样的怀疑，不但没有存在的意义，更没有存在的必要。每个人要想拥有充实精彩的人生，唯有真正战胜自己，才能鼓起勇气一鼓作气，奔向人生的目的地。否则，如果被眼前小小的困难阻碍了前进的道路，或者根本不知道自己应该去往何方，那么只怕付出再多的努力也是徒劳。朋友们，面对人生，请怀着坚定不移的态度，在人生的道路上奋勇前行！

有计划的人，才能真正驾驭人生

对于人生而言，只有梦想当然是远远不够的，如果梦想始终停留在空想阶段，就会使得人生变得空虚，缺乏力量。每个人要想真正驾驭人生，奔向成功的彼岸，就一定要在有了金点子之后马上进行恰到好处的规划，也要在有了计划之后当机立断地执行，最终行动才能推动梦想变成现实。生活中，很多朋友都是迷惘的一代，他们根本不知道人生的目的地何在，也不知道自己要怎样努力才能抓住生命的脉搏。为此，当他们虚度人生之后，最经常说的一句话就是："假如当初……如果再给我一次机会，我一定……"众所周知，这个世界上根本没有后悔药，生命的时光也绝不可能倒流。面对生命的磨难，面对那些不可多得的人生好创意，我们必须当机立断将其落实到纸面上和行动中，才能让它们具有价值，形成意义。

还有些朋友常常抱怨命运不公平，总觉得自己的生活遭受了重重压力，而且自己真的已经拼尽全力，却始终无法得到生活的馈赠，依然要面对生活的磨难和工作上的坎坷挫折，这到底是为什么呢？所谓人生不如意十之八九，这句话恰恰告诉我们，面对人生，一定要做好准备迎接各种各样的磨难和形形色色意外的打击。否则，人生的所有梦想都会变得苍白无力，变成空想，人生的一切设计也都会距离梦想越来越遥远，变得毫无意义。当然，不排除有些朋友在听到这样的话时会觉得耸人听闻，的确，这句话乍听起来是有些夸张，但是随着时代的发展，社会竞争越来越激烈，生存压力越来越大，毋庸置疑，人生是离不开规划的，也是必须全力以赴的。

世界上几十亿的人口，仅中国就有十几亿。假如人人都一味地抱怨，只怕怨气会冲破大气层，污染整个宇宙。每个人都必须清楚的一点是，这个世界上没有多少人能够完全按照自己的意愿安排和享受生活，所谓计划不如变化快。很多时候，哪怕已经计划得很周密，也会发生各种各样的变化，更何况当计划不够周密或者完全没有计划的时候呢？所以我们既要重视计划的作用，又不能迷信计划的作用，而要适度把握计划，从而让计划在人生中发挥积极的作用。

20世纪中期，为了研究计划对于人生的理想，哈佛大学一位社会学教授专门针对1000名哈佛大学毕业生展开了调研。他对于每个学生都问了相同的问题："你对人生有计划吗？"在得到肯定的回答后，他又会询问学生的具体计划。其实，在回答对人生有计划的学生中，有相当一部分学生的计划是非常模糊的。经过一番调查和统计，教授发现这1000名学生中，真正有切实人生计划的不足4%，而16%的学生尽管自称对人生有计划，他们的计划却是模糊的，他们对于人生的目标也不清晰。

转眼之间，几十年过去，当初走出校园时的青涩年轻人，已经走过人生最鼎盛的时期，进入老年阶段。教授很执着，派出助手对曾经接受调查的1000名学生展开回访。结果发现只有极少数学生成为社会的中坚力量，获得了真正意义上的成功。而那些有计划但是计划却模糊不清的学生，尽管也过得不错，却称不上成功。而剩下的学生中，除了有30多个学生联系不上或者已经去世之外，都过着很平庸的生活，人生并没有独特和过人之处。收集和统计完调查结果后，教授发现那极少数处于社会上层的学生，恰恰属于当年的不足4%之列。他们因为对于人生有着准确清晰的规划，所以大学一毕业就展开了行动，努力奋斗，最终在生活和工作中事半功倍，也真正抓住了人生的脉搏。而那些生活平庸者，也都是在大学期间就毫无目标可言的人。

众所周知，哈佛大学是全世界的最高学府之一，如此看来，哪怕是哈佛大学的毕业生，有很强的学术能力和专业技能，也会因为缺乏清晰的人生计划，导致命运朝着平庸的方向发展。当然，作为普通人，我们并非毕业于哈佛大学，甚至连国内的名牌大学文凭都没有。没关系，只要你拥有清晰的人生计划，只要你能以超强的行动力让人生变得更有力量，那么你就能够有所收获。

要想加入幸运的4%行列其实并不难，只要认真思考人生、努力打造人生，我们就能够成为人生的主宰，拥有人人羡慕、梦寐以求的生活。既然计划会对人生产生如此巨大而又深远的影响，那么没有计划又会如何呢？无数事实告诉我们，如果没有计划，人生就会被计划掉。一个人哪怕能力再强，如果没有计划，也会像无头苍蝇一样东撞一头、西撞一头。如此一来，还谈何成功呢？朋友们，人生是一场马拉松，而不是百米冲刺。你不应该快得来不及认真思考和规划人生，而是要在人生之中明确自己的位置，正确衡量和评价自己，从而坚定不移地走好人生之路。

有梦想，人生才更加卓有成效

在这个世界上，很多人自以为聪明，甚至自称聪明人，那么到底怎样的人才是真正的聪明人，才能拥有卓有成效的人生呢？毋庸置疑，聪明有很多种表现方式，有小聪明，大智慧，也有真聪明和伪装的聪明。然而，不论是哪种聪明，在真正的聪明人面前都要败下阵来，所谓真正的聪明人，就是有梦想的人。看到这里，也许很多朋友会不屑一顾地说："切，有梦想有什么了不起。梦想还不是随手拈来啊，随随便便就能拥有梦想。"然而，梦想真不是随手拈来的事情，真正的梦想是流淌自心底的歌，是人生中最坚强有力的力量，也是让人生卓有成效、与众不同的唯一秘诀。真正的梦想不是一闪而过的，而是扎根在人的心底，哪怕遭遇风雨的摧残也绝不动摇，更不会轻易放弃。

每个人都是人生的掌舵者，唯有真正把握人生、操控人生，才能在人生的道路上走得更加长远，也卓有成效，效率倍增。因为梦想是人生的方向，也是人生的引航灯。一旦缺乏梦想，人生就会像在漫无边际的大海上航行那样，渐渐地就失去了奋斗的目标，再也没有源源不断的动力。人生也像是在下一盘棋，每个人得到的棋子其实相差无几，只是因为内心巧妙的构思和规划，才使棋子具有生命和战斗力，也才能下赢人生这盘棋。与此恰恰相反，假如面对人生的磨难，人们总是轻而易举就放弃，甚至在发现棋局有些失败的迹象时焦灼不安，那么不得不说，这样的人生是很危险的。实际上，是把一盘好棋下残，还是把一盘坏棋盘活，完全取决于下棋人的心态和思路。

当心情积极乐观、思路清晰时，扭输为赢并非难事。而当一个棋手思路模糊，且不知道怎样才能规划好人生时，他就会举棋不定，甚至错失赢得棋局的唯一机会。由此可见，做人一定要有梦想，这样才能充满激情和热情，也才能在生命中战胜自我、超越自我、成就自我。

有梦想的人知道自己想要什么，他们非常聪明，也朝着目标勇往直前地奋进。而没有梦想的人就像无头苍蝇一样在通往梦想的道路上四处乱撞，自然效率低下，甚至导致事与愿违。现代社会，很多人看起来特别忙碌，他们每天披星戴月出门去上班，对待工作却完全抱着当一天和尚撞一天钟的态度，压根儿不知道人生的希望和出路何在。在这种情况下，他们就像在漫无边际的荒漠中前行，永远也没有结束的那一刻，更不知道自己怎么做才能让情况好转。要知道，真正大有作为的人从来不会傻乎乎、毫无目的地坚持，因为这样的坚持非但不值得赞许，反而还会白白浪费人生中最宝贵的时光，让人生黯然失色。真正的坚持是有目的的，既目标明确，也能戒骄戒躁，绝不急于求成。他们朝着人生的目的地奋进，遇到艰难坎坷也绝不放弃，从而在人生即将失败的那一刻，扭转局势，让自己转败为赢。

梦想是人生最伟大的支撑，如果说人生中很多力量都是暂时的，也不能给予人生彻底的改变，那么梦想则能。在人生的道路上，唯有坚持梦想，从容感受和发挥梦想的力量，才能战胜自我。也许还有些朋友会抱怨这个世界太过于喧嚣，根本找不到自己想要的一切，而潮流又裹挟着自己不断向前。实际上，这是因为内心缺乏主见导致的。唯有坚定不移面对梦想，唯有理智从容享受梦想，人生才能更加扎根深稳，也才能够不被世俗所左右，从而在实现梦想的道路上砥砺前行。

站对地方，成长事半功倍

对于人生而言，前进最重要的不是速度，而是方向，然而要想确立正确的人生方向，最重要的不是树立梦想，而是先认清楚自己，准确给自己定位。不管是谁，在面对人生的岔路口时，都要把选择正确的方向作为最重要的事情。其次，才是行进的速度，也才能决定人生前进的速度。唯有把自己放在正确的位置上，成长才能更加快速，也才能让我们的人生拥有更多的成就，取得事半功倍的效果。与此恰恰相反，如果人生中努力的方向错了，也不能正确评价和衡量自己，只会导致很多事情都朝着错误的方向发展，一切有利的因素也会变成不利因素。

在树立梦想的时候，每个人更是应该先认清楚自己，从而让人生到达理想的彼岸。尤其是在现代职场，很多年轻人都不能正确认知和评价自己，面对机会时，往往感到非常困惑，犹豫不决。这一则是因为没有做好准备，不能当机立断抓住机会；二则也可能是觉得自己一无所有，因而非常自卑。最后一点，还有些年轻人身边缺乏正确的引导，也无法对人生做出准确判断和决断。针对最后一点有一个很好的解决办法，那就是融入对于自己有益的圈子里，让朋友和周围的人助力成长。当然，也许有些朋友会说这样的做法过于功利。实际上，这种判断无疑是错误的，每个人都生活在熙熙攘攘的社会里，每个人都是社会的一员，所以现代社会根本没有人能够完全脱离群体和社会生活。这时，我们就要努力把自己置身于有益的生活环境中，从而助力自身的成长。对此，马云曾经说过，一个人如果跟着蜜蜂就能找到鲜花，如果跟着苍蝇只会到达厕所。所以说不仅选择站在哪里很重要，选择和谁站在一起同样会影响人生的发展和去向。

如今，很多人都提倡正能量，恰恰是有益的圈子和真心的朋友会给我们积极的正能量。相反，如果和不对的人在一起，或者结识那些会让自己产生负面情绪和能量的朋友，则人生一定会无法进步，甚至还会退步。所以朋友们，我们要为人生树立正确的梦想，选择正确的方向，站对正确的位置。唯有如此，你才能发掘出自身的所有潜能，让自己更加理智从容，勇敢地攀上人生的巅峰。

很多情况下，一个人之所以显得很平庸，并非是因为梦想的缺失，而是因为他们虽然拥有梦想，却因为各种各样的原因而让梦想耽于实现，最终沦落为空想。我们还要与真正的实干家在一起，在充满激情和热情的团队中，我们才能勇往直前，绝不畏缩。否则，如果看到身边大多数人都在退缩，只怕勇敢者也会怀疑自己，甚至否定自己！

如今，只要是会网购的年轻人，几乎没有人不知道马云、刘强东等网络大咖的。尤其是马云，几乎改变了中国人购物的习惯，使得无数中国人成为网购达人。可想而知，马云对于这几代年轻人的影响多么大，实际上马云之所以能够获得成功并非偶然。他在高中毕业的时候曾经因为成绩不好而辍学，后来意识到知识的重要性，在第三次参加高考时才考入杭州师范学院。后来，马云充分表现出生命不息、折腾不止的特质，先是开办翻译社，后来在一个偶然的机会中认识互联网，意识到互联网必然给人们的生活带来翻天覆地的变化，因而当机立断，创办了中国黄页，也彻底改变了自己的命运。从马云成功的经历我们不难看出，每一个获得成功的人，每一个成就大事的人，身上都散发出具有强大吸引力的磁场，正因为如此他们才会吸引更多优秀的人环绕在自己的身边，为自己所用，也因此而和有益的人相互扶持与帮助，成就自己。从这个角度而言，哪怕是面对敌人，我们也应该期望对方是非常强大的，因为只有强大的敌人才能不断提升我们的能力，也只有强大的敌人才能成就最优秀的我们！

朋友们，除了要有梦想，一定要正确评价自己，为自己找到合适的位置，也为自己在人生中赢得一席之地。面对困境和坎坷，绝不能退缩和屈服，只有你强大起来，困境才会退步，也只有你真正勇敢，挫折才能缴械投降。与其抱怨，不如当机立断开始努力，让自己在最正确的位置上熠熠生辉，让人生因此而璀璨和与众不同。记住，你的梦想就在你的心里，就在你的手中，就在你人生的巅峰上！

第 02 章

没有梦想比贫穷更可怕

如果说人生是干涸的沙漠，那么梦想就是沙漠里的绿洲；如果说人生是一次出海远航，那么梦想就是指引船员安全归来的引航灯；如果说人生是浩瀚的宇宙，梦想一定是最适合人类生存的地球。如果没有梦想，人生就会黯然失色、迷失方向；如果没有梦想，人生会陷入深刻入骨的绝望之中，这是远比贫穷更可怕的。所以哪怕是拥有再少的人，也一定要有梦想，要为人生点燃希望之光，要让人生时刻充满希望的悸动。

没有梦想，人生就会失去希望

近年来，也许是快速发展的社会让人感到无所适从，压力倍增，很多人在人生中都面临着窘境，也根本不知道应该如何才能把握人生，拥有充实的人生。在焦灼不安中，在不知所措中，更多的人频繁地提起梦想，似乎只要把梦想挂在嘴边，人生就得救了。实际上，只是说一说梦想，还并不足以改变人生糟糕的现状，要想拥有从容的人生，最重要的是坚决的执行力，这样才能不断推动梦想向着现实奋进，也才能让梦想更从容果断。

不管何时，当人生因为缺乏梦想而绝望时，人生就像进入一片荒漠，似乎无论怎么艰难跋涉也无法到达彼岸。还记得这几年火爆荧屏的《中国好声音》吗？每当怀着梦想的人在舞台上献唱，梦想导师汪峰最喜欢问关于梦想的问题，无数学员在被问及“你的梦想是什么”时，也总是会给出不同的答案。他们或羞涩，或大方，或坦然，或紧张局促，但是他们无一例外都会真诚地说出自己的梦想，因为他们知道梦想是不能被掩饰的，也是必须真心相对的。

对于每个人而言，梦想并非是一个全然陌生的词语。还记得人的成长吗？从婴儿呱呱坠地到渐渐成长、牙牙学语、蹒跚学步，他们渐渐了解这个世界，也逐渐形成了自己的梦想。小学阶段的孩子，已经会说出自己的梦想，每个孩子或者梦想成为科学家、画家、音乐家、舞蹈家，也有的孩子梦想很朴实，想要成为老师，还有的孩子天马行空，盼望着自己能成为超人拯救世界。随着不断成长，他们心中的浪漫主义情怀渐渐消逝，变得越来越务实。在高中或大学阶段，孩子们的梦想似乎从飘浮在天上而渐渐落地，因而脚踏实地地站在地上。他们在确立梦想的同时，也开始思考人生的去路，规划未来的人生之路。然而，越是脚踏实地的梦想，越是让人惆怅。当走出大学校园——人生最后的“象牙塔”之后，在现实生活的磨砺下，他们的心也越来越麻木，只有很少人能够依保持赤子之心。再提起梦想，人们便总是回避：“说梦想有什么用啊，能当饭吃还是能当水喝呢？有那闲工夫说梦想，不如想一想自己的下一顿饭在哪里来得更实际。”在他们心中，梦想已经成为和生活无关的奢侈品，也不太可能给自己带来任何收益。不得不说，这是对梦想的误解，也是让人感到无奈的。

任何时候，梦想都是有用的。世界上，有很多人在漫长的人生道路上始终牢记小时候的梦想，最终居然就实现了自己年幼时的梦想，还有的人在不断成长的过程中随时调整梦想，也绝不误解梦想。正是这样日复一日的坚持，正是这样对梦想的执着追求，成功者才能获得成功。而很多人之所以失败，恰恰是因为他们面对梦想缴械投降，每当在实现梦想的过程中遭遇挫折的时候，就对着梦想磕头作揖，祈求梦想离自己远一点，再远一点，最好到自己永远也看不到的地方。

生活的本质就是艰难，在日复一日的艰难中，人们未免觉得枯燥乏味。既然如此，为何还要远离梦想呢？要知道，在追求梦想的过程中遇到的那些磨难并非是梦想的孪生兄弟，而是人们消极心态的副产物。与其因为空虚而远离生活的本相，不如在梦想的驱使下坚持实现梦想。与其让自己的心因为梦想而变得憔悴干枯，不如选择用心灵的滋养浇灌梦想，也让人生绽放异彩。记住，不管人生的道路有多难走，也不管梦想远远地勾引着我们，我们都要坚定不移地奔向人生的目的地，都要不遗余力地实现梦想。唯有如此，我们才不枉此生，也才能驾驶人生之舟，驶向充满希望的未来。

怀揣着理想努力奋斗，不忘初心

人生之中实在有太多的坎坷挫折，也有太多的诱惑。面对人生，与其一味地沉浸在悲伤或欢喜中不能自拔，不如怀揣理想，牢记初心，奔向终极目标，即实现理想。人生最大的成功，莫过于如愿以偿拥有想要的生活；人生最大的悲哀，则是虚度光阴，导致人生根本不可能有理想的未来。人心是复杂的，又是简单的，在极简主义原则的指引下，人生就是化繁为简，从而尽情尽兴。举个最简单的例子，假如我们想去超市买某个东西，就要直奔东西所在的货柜，这样才能最快速地解决问题。如果我们只是想去超市打发无聊的闲暇时光，那么自然可以在超市转来转去，寻找最能够激发出自己购买欲望的商品。当然，两种行为对应着两种截然不同的人生状态和态度，我们不能说前者更好还是后者更好，而是应该先问问自己去超市的目的是什么。如果是以最快的速度购买某个物品，那么就是前者；如果是打发时间，那么就选后者。正如曾经一位伟人所说的，不管是白猫还是黑猫，只要能抓住老鼠就是好猫。对于人生，不管采取哪种方式，只要能够不忘初心，实现人生的终极目标就好。尤其是在人生遭遇困境的时候，我们更是应该足够坚强和勇敢，始终不放弃，才能战胜人生逆境，收获理想人生。

理想之于人生的意义，丝毫不逊色于梦想。如果说梦想带着更多浪漫主义的色彩，是偏重于感性的，那么理想则更多地表现出理性，基于现实基础上的梦想更有实现的可能。从这个角度而言，每个人都应该以梦想和理想作为人生的目标，都要摆脱迷茫的状态，在人生中更加激发出自身的力量，成就自我。

大学毕业后，雅歌进入一家公司从事人力资源管理工作。因为刚刚大学毕业，只是普通的本科学历，也没有任何工作经验，所以雅歌只是人力资源部一名小小的职员，没有任何出色和突出之处。渐渐地，雅歌未免觉得工作枯燥乏味，对于工作也内心疲惫，再也激不起任何激情。雅歌想要转行，然而她不知道自己除了本专业之外还能从事什么工作。面对如同鸡肋一般的工作，她又感到很懊恼。最终，她痛下决心，向公司递交了辞职书。刚刚辞掉工作，雅歌马上积极地投入找工作的过程中。虽然她在短短的时间内递交了好几份求职简历，却都如同石沉大海，毫无音信。

在熟人的介绍下，雅歌好不容易才在一家公司找到工作，只不过岗位是销售人员。雅歌觉得心里没底，因为此前对销售一点儿也不了解，更没有任何接触。上班之后第一次开晨会，雅歌就被销售主管满怀激情的发言打动了，在大家一起唱响《感恩的心》时，雅歌居然有些想要流泪的感觉。她暗暗告诉自己：虽然我从未学过销售，这份工作也并不适合我内向的性格，但是我想要从现在开始改变，彻底扭转命运。就这样，雅歌在新公司坚持了下来，有过各种坎坷与动摇，但她始终不忘初心，牢记自己的理想是在销售行业出人头地。一年多之后，雅歌完全熟悉了销售行业的技巧，也对公司的产品和经营流程更加了解。最终，她不但在销售行业站稳了脚跟，而且在短短的两年之后就成为销售主管，后来又晋升为销售经理。不得不说，雅歌的人生是成功的，这一切都是因为她从迷惘的状态中找到了人生理想，也确定了自己最终的人生舞台。

每个人都有自己的人生理想，尤其是年轻人，在人生的过程中，更是会因为各种各样的理想而不断地拼斗和拼搏。然而，现实是残酷的，并不能让年轻人的每个梦想和理想都顺利地变成现实。所以要想出人头地，让自己变得与众不同，我们既需要远大的理想，也需要切实的理想，这样才能发挥自身的能力，竭尽全力做得更好。

人人都会经历青春的困惑时期，事例中的雅歌一开始之所以无法做好人力资源管理工作，就是因为这份工作无法调动她的激情，也无法让她真正把握人生的脉搏。所以朋友们，面对人生，一定要早日确立理想，这样才能确定人生的方向，有的放矢走出迷茫，向着人生的希望和光芒所在不断前行。

要知道奋斗的目的和意义

对于工作，很多人都缺乏正确的认知，总觉得工作的目的就是挣钱养家糊口，就是让自己早晨起床之后有地方去，夜幕降临之时可以从家以外的地方奔回。实际上，工作的意义绝不这么粗浅。还有人觉得所谓工作就是为人民服务，就是造福全世界。不得不说，和前者的庸俗相比，后面这个解释又有些过于脱离实际了。作为普通人，我们既不应该像前一种说法那么庸俗和被动，也不应该像后一种说法那么光辉和高尚。这个世界固然有思想境界极高的人，但是普通人中这样的人很少。

作为普通人，既要为了养家糊口工作，也要为了实现人生的理想而奋斗。所谓理想，尽管要接地气、要切实可行，却也不能过于琐碎。有人说艺术来源于生活而高于生活，我们也要说理想建立在现实的基础上，也要高于现实。所以尽管可以把工作和薪水、奖金等联系起来，也不要忘记奋斗的目的和意义。奋斗，不仅仅是为了赚取金钱，因为一味地讲究金钱的回报，或者让人内心深处变得疲惫，或者让人因为对金钱的麻木而倦怠。比起金钱，使命、远景和梦想，更能激发起人的斗志，让人始终满怀激情，意气风发。作为普通人，要想让人生拥有永动机，我们就要以使命和梦想激发自己的力量，让自己总是充满活力，哪怕遇到艰难坎坷也绝不放弃。

现代社会，人心变得越来越浮躁，不少人都一切向钱看，似乎工作的目的和意义只是为了赚钱，而不是为了实现自己的使命或让梦想变成现实。在如此浮躁心态的影响下，很多人采取各种方式加入一些高薪行业，然而他们在赚取一些钱或者工作一段时间之后，却因为没有对工作的热爱作为支撑，而越来越懈怠，也根本不可能有杰出的表现。渐渐地，他们不得不放弃努力，也不愿意再激发出自身所有的潜能，从而有所收获和成就。如同很多人所说的那样，钱虽然不是万能的，但是没有钱却是万万不能的。归根结底，金钱并非是人生唯一的追求，更不应该成为每个人唯一牵挂的东西。虽然很多情况下，人们会以职位和收入作为衡量一个职场人士是否成功的标准，但是唯独不断地带着梦想向前，我们才能在人生道路上发挥全部的力量，也竭尽所能创造人生的奇迹。唯有如此，人生才能了无遗憾；也唯有如此，人生才能从容淡然，有所成就。

眼看着大学毕业在即，雅琪最想加入一家在行业内赫赫有名的广告公司，从而发挥自身的光和热，也让自己找到人生的舞台。为此，早在几个月前，雅琪就向那家广告公司投递了简历，还在招聘会上特意与招聘负责人见过面，当面沟通过。幸运的是，雅琪很快就收到了那家公司发来的录取通知书。原本，雅琪觉得是因为自己所学的广告策划很适合该公司，殊不知，该公司招聘负责人其实是对雅琪产生了好奇心，他想验证一下雅琪在求职信上所写的“不怕苦，不怕累，不管什么岗位，我都会全力以赴去做”是否真正能实现。也许是为了考验雅琪吧，人力资源部果然给雅琪安排了任重而道远的职位——公司的最底层，起得比牛马早，每天累得要死，却薪水很低。面对这样的现状，很多初入公司的新员工只坚持了几个月，最多的也不过半年，就陆陆续续辞职了。唯有雅琪，始终坚持上班，也始终不遗余力努力奋斗。

转眼之间，3年过去了，雅琪在不断的历练中已经成为全能型人才和选手。在公司内部的一次招聘会上，她以优秀的工作表现和不俗的谈吐，顺利晋升部门主管。对此，雅琪感慨地说：“人家都说十年磨一剑，我用了整整3年的时间，终于为自己打造出了剑柄。”有一次，雅琪遇到此前辞职的同事，这才知道那个同事辞职后辗转好几家公司，如今还是一家公司的新员工呢！再想想自己的好运气，雅琪不由得暗自得意起来。

人生，就是一次奋斗的旅途，尤其是现代职场竞争越来越激烈，压力越来越大，每个人唯有打起精神，不遗余力地去拼搏和奋斗，才能在人生之中收获更多，也才能赢得梦想的实现。实际上，工作的意义绝不仅仅是赚取薪酬、得到晋升，而是得到比金钱更珍贵的经验，以及价值无限的人生。只有摆正心态，在人生中坚定不移向着目标前进，哪怕面对十字路口，也能不忘初心，朝着终极目标奋进，我们才能勇往直前，也才能真正获得梦寐以求的人生。

正所谓不忘初心，方得始终，如果一个人面对工作轻而易举就忘记了自己的初心，也不知道人生要如何努力才能更加奋发向上，那么他们必然会迷失在人们的海洋中，也会因为心中的郁郁寡欢而变得沉沦。对于年轻人而言，年轻固然是一种资本，但越是年轻，越是要沉淀浮躁的心态，从而努力提升自己的价值，实现人生的意义。

癞蛤蟆也可以梦想吃天鹅肉

人海这个词语非常巧妙，很好地形容了人群密密麻麻、挨挨挤挤的状态，真的就如大海一样浩瀚无边。在大海之中，一条小鱼当然是微不足道的，在人类世界中，一个人也如同海里的小虾米一样默默无闻，毫无出色之处。实际上，在这个世界上既没有什么是亘古不变的，也没有什么是不能改变的。变或不变，实际上就在于每个人心中的参照物。一个勇敢创新、积极求变的人，总是希望自己拥有更加充满激情和热血的人生，所以对于生活中微小的变化，他们几乎毫无感觉。而有些人则与他们恰恰相反，觉得最高的人生理想就是岁月静好，一成不变，他们在生活中的表现也总是墨守成规，拒绝任何改变。每当这时，哪怕只是小小的改变，也会在他们的世界引起震动，让他们因为恐惧和畏惧而止步不前。

和浩瀚的宇宙相比，每个人看似漫长的人生实际上只是沧海一粟。从这个角度而言，人既应该把自己看得重一些，也应该把自己看得轻一些。也许对于普通人而言，人生注定是平庸的，但是每个普通人也都有独属于自己的成功，也能活出与众不同、璀璨夺目的人生。日常生活中，人们常常形容那些不自量力的人为癞蛤蟆想吃天鹅肉，实际上，哪怕作为小小的虾米，我们也应该有鲨鱼的梦想。在部队里，很多人都对一句话耳熟能详，即“不想当将军的士兵不是好士兵”，这句话很有道理。当然，这并非说每个士兵都要成为将军，而是告诉我们即使作为普通士兵也要拥有将军梦，这样才能督促自己不断努力，收获更好的发展和未来。如果士兵始终抱着当一天和尚撞一天钟的心态去工作，他们当然不会有长远的目光和远大的理想，而且很容易就会因为人生的变故颓废沮丧。所以说癞蛤蟆也要吃天鹅肉，小虾米也要有大鲨鱼的梦想，才能给人生更高远的海阔天空，才能创造奇迹，突破人生的所有桎梏。

如今，很多人都喜欢看周星驰的电影，从周星驰身上得到积极正向的能量，感受到对人生的热情和激情，也重新鼓起信心和勇气，创造辉煌和璀璨。实际上，周星驰并非生而就是大巨星，在还是普通人时，他最崇拜的人就是李小龙。

为了距离梦想越来越近，周星驰还和梁朝伟结伴而行，一起去报名参加香港艺人培训班。然而，造化弄人，周星驰落榜了。后来，梁朝伟已经小荷才露尖尖角，周星驰却只能当最不起眼的群众演员，看上去根本没有在影视剧中出头露面的机会。即便如此，周星驰也没有放弃，哪怕是出演最不起眼的角色，他也总是认真负责，从不叫苦叫累。正是因为这样积极乐观，也因为在很多影视剧中以无厘头式幽默给观众带来笑声，周星驰终于在演艺圈里出人头地。从星仔，到星哥，再到星爷，可以说这一路走来，周星驰真正实现了梦想，完成了人生的蜕变。如今，已经拥有很多粉丝的周星驰依然奋斗在演艺的道路上，继续给观众朋友带来欢声笑语，也给观众勇敢的力量面对人生。

真正喜欢周星驰的粉丝会发现，周星驰的电影不但能让人捧腹大笑，有的时候还会使人笑出眼泪，这是因为在欢笑之余，周星驰其实给观众朋友传递了正能量。从这个意义上而言，周星驰是个励志的喜剧巨星，所以才能受到观众朋友的欢迎。

古往今来，很多伟大的人物都不是一帆风顺的。相反，在人生摸爬滚打的过程中，他们比起普通人吃了更多的苦，也饱尝生活的艰辛。越是这样，就越是要积极地面对人生，只有踩着失败的阶梯站起来，才能让人生昂扬向上，永不退却。朋友们，就让我们当一个想吃天鹅肉的癞蛤蟆吧，说不定哪一天就真吃到了呢？就让我们当一个怀揣着鲨鱼梦想的小虾米吧，说不定有一天就能梦想成真。正如马云所说，梦想还是要有的，万一实现了呢！

不要害怕自己没有同行者

如今，几乎所有的年轻人都会网购，从马云创办中国黄页开始，已经渐渐改变了国人的购物模式。然而，马云并不是一个电脑达人，曾经，马云不能熟练地使用手提电脑。对于他而言，电脑最重要的作用就是收发邮件、浏览网页。作为一个不精通电脑也不知道如何熟练操作电脑的人，马云到底是怎样创办属于自己的电脑公司，并且彻底改变了几代人购物方式的呢？对此，马云曾以自嘲的口吻说自己虽然不精通电脑、不懂财务，但是却能让相关的人才为自己所用，成为公司的中流砥柱。这恰恰让我们认识到马云获得成功的秘密，那就是能够招揽人才为自己所用，也知道如何才能把所有资源最优化整合，创造商业奇迹。正是凭着这样的能力和绝不服输的精神，马云才能获得成功，也才能真正让阿里巴巴崛起。所以我们不但要羡慕马云有这样的好运气赶上引领互联网发展的潮流，更要反思自己是否和马云一样拥有成功的潜质，是否能够像马云一样收获同行者，从而让人生事半功倍。

在中国历史上，马云绝不是拥有同行者的第一人。古往今来，大凡能够获得成功的人，都是知人善任的。例如三国时期的刘备，原本刘备的力量并不是三足鼎立中最强大的，但是自从知道卧龙岗有个诸葛亮，刘备就三顾茅庐，亲自拜访诸葛亮。也许是刘备的诚心打动了诸葛亮，诸葛亮甘愿为刘备所用，此后一直追随刘备，为刘备的江山立下了汗马功劳。可以说，如果没有诸葛亮，刘备很难成就大业。但是反过来看，如果没有刘备的赏识，也许诸葛亮会一生终老卧龙岗，也不会有人生的辉煌。从这个角度而言，刘备和诸葛亮是互相成全，而在这段关系中，刘备更是占据主动，才能促成关系良性发展。

古往今来，大多数成功者都是人生的独行侠。很多人面对自己的特立独行都会觉得有些担心，怕曲高和寡，也怕高处不胜寒，更怕自己无法得到其他人的认可和赏识。实际上，如果一个人和其他人都一样，那么注定了他只是一个平庸者。一个人唯有不断地超越自己，不惧怕与众不同，才能发挥自身所长，成就人生的璀璨辉煌。尤其是在面对很多创新和变革时，更应该勇往直前。世界上，第一个吃螃蟹的人总是伟大的，而盲目跟风者，则已经错过了发展的最佳时机。所以与其成为跟风者，不如勇敢大胆，成为时代的先驱、人生的前锋。

在互联网行业特别不景气时，很多网络公司纷纷倒闭，阿里巴巴却能够存活下来，这是为什么呢？难道马云真的具有回天之力，才能在严峻的形势下挽救公司，扭转大势吗？当然不是。走过艰难的发展道路，马云很清楚公司的发展方向。他知道自己并不擅长做门户网站，也不擅长做游戏网络，因而把目光转向了电子商务。2000年前后，马云简直难以想象电子商务能够获得成功，但是他却坚定不移选择了这条道路。最开始，马云和他的团队只有很少的收入，甚至入不敷出，但是有些商户从马云的平台上赚到了钱，总是发感谢邮件，这让马云看到了希望：既然商户能够赚到钱，只要坚持下去，我们也一定能赚到钱。就这样，马云带领团队坚持下去，随着不断的发展，持续吸纳优秀的人才，最终马云成功了。

说起成功，马云总是感慨万千，因为他很少真正参与公司的具体工作，但是公司却发展得越来越好。这是因为他拥有忠心耿耿的员工，也得到了员工的鼎力相助。所以当马云坚持梦想，电子商务也拨开云雾见光芒，获得了成功。有人说马云就是个疯子，是因为马云对待梦想总是特别偏执，而且始终坚定不移坚持自己的选择。殊不知，马云疯得很有特色，也绝不动摇，所谓“不疯狂不成魔”，说的大概就是马云这样的人吧！

在追求理想的道路上变得疯狂成魔，对于年轻人而言并非是一件坏事情。不管什么时候，每个人都要坚持梦想，而且每个人都要淡忘梦想、成就自我，才能一笑泯恩仇。也许正是那些疯子，才能为历史所铭记，也才能在极度的渴望中获得强大的力量！

梦想，不是漫无目的地空想

说起梦想，很多人都会把梦想与理想混淆，甚至还有些人会把梦想与空想混为一谈。不得不说，梦想与理想之间有着微妙的区别，相比脚踏实地的理想，梦想有更大的空间可以天马行空，而理想则要在扎根现实的基础上，更加理智，贴合实际。和梦想相比，空想则有更大的不同。所谓空想，顾名思义是不可能实现的一切想法，当梦想变成空想时，或者意味着梦想过于高远，不沾人间的烟火气；或者意味着有梦想的人只是徒有梦想，而没有把梦想落实到实处，更没有为了实现梦想而展开切实行动。这样一来，梦想自然会搁浅，也便再没有机会成为现实。

从这个角度而言，要想让梦想照进现实，切实改变人生，最重要的在于梦想的尺度应该符合实际。人总是有好高骛远的本性，虽然拥有远大的梦想是件好事，但是如果梦想过于脱离实际且根本没有实现的可能，那么梦想就会成为人生的败笔。此外，在有了恰到好处的梦想之后，还要拼尽全力去实现梦想，这样才能让梦想一步一个脚印走向现实，梦想也才有成功的可能。

古往今来，无数的伟大人物都是有梦想的，如范仲淹“先天下之忧而忧，后天下之乐而乐”，马云则希望世界上的每一笔生意都进展顺利，就连如今二手房经纪业中的“大鳄”链家左晖也梦想着让房产交易没有风险，安全便捷。由此可见，从古至今，从文人墨客到商人巨贾，人人都是有梦想的，更别说那些在政坛上有杰出表现的伟人了。可以说，梦想是人生的引航灯，是人生的永动力。每个人唯有拥有梦想，切实地把梦想付诸实践，才能让梦想更理性，更接近于成功的现实。

随着时代的发展，每个人都成为时代洪流中的一员被时代裹挟着朝前走，根本不可能停下脚步。所以梦想除了要切实可行之外，还应该符合时代的要求，顺应时代的发展需要。如果梦想是逆势而动的，那么在实现的过程中就会遭遇重重阻碍。如果梦想是能够顺应时代发展的，那么在不断向前推进的过程中，就能够借助时代的力量，让进步和发展水到渠成。这也是实现梦想的一个小诀窍，在树立梦想时，我们就应该注意这个问题，也要尽量避免这个问题。

美国的皮业家族在将近90年的时间里，一直经营农场，种植樱桃。作为家族的第三代传人，皮特一改祖辈的传统经营模式，而是通过天猫平台把樱桃卖到了消费力巨大的中国市场。中国市场的加入，让皮特因为气候因素影响樱桃的收成时，能够有更多可操作的空间。为了保证最新鲜的樱桃及时到达消费者手中，皮特采取预售的销售方式，这样一旦樱桃被采摘下来，马上就可以发出，以最快速度到达消费者手中。

得益于新的销售模式，在短短10天的预售活动中，皮特和其他商户总计预订出去100多吨的樱桃。不得不说，这个数字是惊人的，也让皮特和伙伴们得到很高的收益。每当想起地球另一端的人也能吃上鲜美的樱桃，皮特就感到动力十足，也发誓要继续种植出最美味的樱桃供人们享用。

梦想不但要恰到好处，既不过于虚无缥缈，也不过于琐碎平凡，还应该与其他人的梦想产生一定的关联性。很多从事管理工作的朋友都知道，要想让下属满怀激情地为自己奋斗，作为管理者，一定要为下属描画未来，也让下属对未来充满愿景。这样一来，管理者才能激发下属的工作积极性和热情，让下属在工作中有更出色的表现和更美好的未来。

如今，很多年轻人面对严峻的就业形势，都想采取自主创业的方式打开人生的新出路。虽然自主创业是有风险的，但是如果能够找到志同道合的朋友一起努力奋斗，创业也就没有那么难。最重要的是，每个人都要齐心协力，拼尽全力，不遗余力！

第 03 章

立刻行动，梦想是用来实现的

很多让人脑中灵光一闪的好想法，说得好听是梦想，说得难听是空想，区别只在于这个想法能否实现，是否能够照亮现实，梦想的持有者能否当机立断展开行动。从这个角度而言，梦想与空想其实只有一步之遥，当事人往前更进一步，得以实现的就叫梦想；当事人退缩不前，无法实现的就叫空想。所以每个人对于梦想的态度都应该更加积极主动，而且要抢占先机，先发制人，这样才能迅速果断，快速出击。行动吧，朋友们，梦想是用来实现的，只有实现了的梦想才能照亮现实。

目光远大，也要走好脚下的路

对于一个站在山脚下的人而言，要想到达山顶，就要不断地向上攀登，否则哪怕心中渴望山顶，也只能黯然神伤地站在山脚下，对着巍峨的高山叹息。相反，如果一个人已经到达高山之巅，那么在一览众山小的同时，如果想要到达更高的山顶，做法也是同样的，那就是再接再厉，不遗余力走好人生之路。也许有些朋友会说，既然已经到达山顶了，拥有开阔的眼界，为何还要继续向上攀登呢？因为人生永无止境，因为追求梦想的道路永无止境。每个人处于不同的起点，必然会给自己树立新的目标，到达人生在某个阶段的巅峰后，很快就会发现人生还有更高的山峰可以攀登。所谓人生总是在路上，就是告诉我们人生必须奋勇向前，才能最大限度打开人生的通道，让人生卓尔不凡，保持前进和进步的姿态。

在这个世界上，没有任何人的成功是一蹴而就获得的，也没有任何人有资格享用免费的午餐。越是那些成功人士，在追求成功的道路上，越是会遭遇各种磨难和挫折。细心的朋友会发现，古往今来，大多数成功人士都比常人遭受了更多的风雨泥泞，正是因为他们始终昂扬向前，才能战胜人生、收获人生。

对于很多人而言，梦想是非常奢侈的，这是因为他们目光短浅，只能看到眼前的这一步。一个人要想在人生中有好的发展，就一定要努力奋进，从而帮助自己树立远大的梦想，也激励自己在实现梦想的道路上勇往直前。记住，不管梦想就在眼下，还是在遥远的地方，你都一直站在实现梦想的道路上，你都能激励自己奋发向上、勇往直前，你都能控制自己是向前还是向后。也不管实现梦想的道路是坦途还是充满坎坷崎岖，每个人其实并没有太多的选择，而是要坚定不移走好人生的每一步，才能距离梦想更近，最终成功地实现梦想，也到达人生胜利的彼岸。因而对于每一个年轻人而言，重要的不是眼高手低，也不是好高骛远，而是脚踏实地走好人生的每一步，向着梦想不断奋进。从古到今，每个有所成就的人都是拥有梦想的人，也是能够从现实出发脚踏实地实现梦想的人。他们不会一味地认为梦想是奢侈品，是可有可无的，也不会用不切实际的梦想禁锢人生。相反，他们有着精卫填海和愚公移山的精神，能够从最基础的小事情做起，一步一步靠近梦想，脚踏实地实现梦想，在合适的时机朝着梦想狂奔而去。

作为一名上班族，小冷越来越觉得工作毫无意义，人生枯燥乏味。尤其是在与上司因为一件小小的事情争吵之后，小冷几年前的梦想又悄然浮出心海，他想去丽江定居，从此之后过着闲云野鹤的生活。

和爱人暖商量之后，暖的反应出乎小冷的意外。原本小冷以为暖一定会反对这样仓促和不负责任的决定，没想到暖当即欢呼雀跃：太好了，我是编辑，不管去哪里，只要有电脑就可以办公，要不咱们就去丽江吧，这样咱们的孩子也可以出生在丽江啊！小冷这才知道暖怀孕了，不由得犹豫起来：丽江的条件不是太好，要不为了孩子还是留下来吧！没承想，暖的态度异乎寻常的坚决：对于孩子而言，最好的礼物是健康快乐的父母。在暖的鼓励下，小冷辞掉工作，开始筹备迁居丽江。半年之后，他们不但处理好工作上的所有事情，而且卖掉了在北京的房产，就这样义无反顾去了丽江。正如暖所期望的那样，他们的孩子就在春暖花开的丽江出生，每天带着孩子在丽江慵懒地晒太阳，小冷觉得心中很是满足，似乎连烦恼也远离了自己。

如今，想要逃离大城市的年轻人越来越多，归根结底，是大城市生活节奏快、工作压力大，已经把很多年轻人逼得无处遁形。为了在生活中拥有更好的状态，全身心投入享受生活，很多年轻人梦想着改变，却又因为改变的艰难而放弃。不得不说，人生就是这样纠结的状态，要想改变人生，每个人都必须更加从容坦然，在有了好的想法且经过深思熟虑之后当即展开行动，而不是在一味的等待中让梦想渐渐褪色，再也没有任何实现的可能。

每个人距离梦想很远，也距离梦想很近。要想远离空想，实现梦想，关键就在于当机立断展开行动，而不是犹豫纠结，迟迟无法迈出通往梦想的第一步。记住，不管远方有多远，都需要你一步一步地去丈量，也不管你看得有多远，路永远都在你的脚下。作为年轻人，一定要把梦想与行动联系起来，让梦想与行动齐头并进，这样梦想才有更大的可能性得以实现，人生也会更精彩充实。

有梦想，一定要当机立断展开行动

对于梦想，很多人都觉得无奈，他们总是怨声载道：我当然是有梦想的，但却不知道如何做才能真正实现梦想。大多数有这种想法的人很容易对人生失望，感到无力，这是因为他们从来不认为自己能够掌控人生，也从未想过自己在人生中吃过的苦、走过的路都能成为人生的经验，从而创造人生的奇迹。实际上，命运之所以让每个人都有丰富的经历和经验，就是为了帮助人们形成主宰和操控人生的能力。尤其是对于那些年轻的创业者而言，屡战屡败并不可怕，只要怀着屡败屡战的勇气最终战胜梦想，就能让梦想变成现实，就能用梦想照亮人生。

遗憾的是，现实生活中很多人都陷入了梦想的怪圈，即他们每天晚上躺在床上时，脑海中都会冒出各种各样稀奇古怪的想法，一旦等到黎明到来，太阳升起，他们又会全盘推翻自己的想法，觉得最重要的保持现状，绝不要轻举妄动。在这样消极的想法中，他们自然成为“晚上想想千条路，早晨醒来走原路”的典型代表。即使再好的想法，如果只能停留在空想阶段，就会失去金点子的意义和存在的价值。如果梦想不能付诸现实，就只是一个毫无意义的空想而已，曾经因为梦想而璀璨辉煌的人生也会黯然失色，令人沮丧绝望。由此可见，和梦想相比，在有了梦想之后能够真正地采取行动，拼尽全力去实现梦想，才是最重要的，也才是改变和创造人生的关键所在。

如今，很多年轻人在大学毕业后都不愿意从事普通的工作，一则是想要找到称心如意的工作很难，二则是职场对于人才的要求越来越高。出于这些原因，很多年轻人都选择自主创业，从而向着梦想进发，也让自己从心理上获得满足。可以说，一旦创业成功，年轻人收获的绝不仅仅是金钱上的回报，而是人生经验的丰富和充实，更是人生中不折不扣的蜕变。

自从一个偶然的机会在国外初步接触网络之后，马云回到国内就召开了一个小会，参加会议的既有马云的朋友，也有马云的学生，还有个与会者居然是80多岁的老太太。可想而知，当马云说出自己的梦想时，在场的每一位都非常震惊，因为他们压根儿就听不明白什么叫网络，更想象不到网络会有什么作用。后来，除了一个人表示赞同之外，其他所有人都表示反对，都认为马云的想法是镜中花、水中月，根本没有任何意义和价值，甚至还有些人觉得马云就是想要行骗，一定会触犯法律，遭受法律的惩罚和制裁。

看到这里，相信朋友们一定会感到困惑：如今马云的事业如此辉煌，当初唯一赞同他的人，一定陪伴在他身边，也因此而飞黄腾达了吧！其实不然。当初那个赞赏马云大胆想法的人，如今在浙江省的农业银行工作，过着普普通通的生活，人生波澜不惊。相信一定会有朋友扼腕叹息：那个人的眼光完全可以和马云媲美，为何这么平凡呢？实际上，这个人原本有机会和马云并肩坐战，遗憾的是他的眼光尽管很高，但是他的实际行动能力却很差，因而最终错过了和马云并肩作战的机会。

看了这个事例，还有些朋友会想起比尔·盖茨创办公司的经历。当年，比尔·盖茨为了创办公司从大学退学，曾经邀请一位好朋友一起退学创业。然而，那个朋友只想等到完成学业之后再做打算，即使比尔·盖茨真诚邀请，也没有动摇他的决心。10年之后，比尔·盖茨成为世界首富，而那个朋友也从学校毕业成为一名大学教师。当然，我们并非说大学教师的工作不好，只是和比尔·盖茨相比，大学教师的工作就显得普通了些。如果当初这个朋友能退学和比尔·盖茨一起创业，那么他的人生一定不可同日而语。

人生之中，很多千载难逢的好机会都是转瞬即逝的。很多人都羡慕他人总是轻而易举就能获得好运气，收获成功，却不知道他人的成功并非一蹴而就，而是他们总是时刻做好准备，才能在机会悄然到来的时候当机立断抓住。由此可见，每个人除了要有梦想，更要有付诸实践的能力，也要时刻做好准备，这样才能抓住机会收获成功，也才能在人生的道路上拥有更美好的未来。

随着时代的发展，信息已经进入大爆炸的时代，对于想要实现梦想的朋友而言，这无疑是个好消息，因为资源更多机会也更多，然而绝大部分人却依然从事最普通而又琐碎的工作，依然对人生怨声载道，这是因为他们的心没有与时俱进，他们的人也缺乏当机立断的执行力。所以朋友们，从现在开始就积极地面对人生，勇敢地把握人生吧，相信在实现梦想的道路上，你一定会走得更远、收获更多。

当梦想成为空想，人生也会陷入抱怨

前文我们几次三番阐述梦想与空想之间的关系和区别，相信很多朋友都能对梦想和空想进行准确区分了，也有些朋友会忍不住地问："就算梦想变成空想，又有什么关系呢？"的确，每个人都想知道梦想变成空想的后果，唯有如此才能更好地规避这件事情的发生，也才能避免人生因此而遗憾丛生。

细心的朋友会发现，现实生活中，积极乐观的人很少，而消极悲观、怨声载道的人却很多。这是为什么呢？如果这么多人都对生命不满，他们为何又要兴致盎然地活着呢？其实，这些抱怨的人并没有意识到自己在抱怨，也不知道消极悲观对于人生的严重负面影响。大多数愤世嫉俗、对人生不满的人，都没有好运气，也没有经营好自己的人生。面对生活的困境，他们或抱怨，或埋怨，甚至还会因为郁郁寡欢而咒骂那些八竿子都打不着的人。从本质上而言，并非客观存在的一切都太糟糕，而是他们的心缺乏平静淡然，也因此而暴戾不安。

为了避免人生陷入抱怨的恶性循环，明智的人会选择更加理性地看待梦想，也更加采取果决的行动力实现梦想。每个人面临如何把梦想转化为现实时，总是感到内心犹豫不安，也因此而耽误绝佳的好时机，所以要想实现梦想，最重要的在于当机立断，从而节省宝贵的时间，也抓住千载难逢的好机会，让人生拥有更多成功的可能性。

小马年轻有为，大学毕业才几年，就因为销售业绩突出，被提升为中层管理者，负责管理二十几个人的团队。也许是新官上任三把火吧，小马制定了各种政策，想要借着上任的机会推行。在小马看来，这些政策都是为了激励下属多出业绩，然而却没有起到预期的效果，甚至还有些下属对小马议论纷纷。

经过几个月的适应之后，小马依然无法顺利调遣下属，管理的效果也很差。无奈之下，小马只好向上司求教："张总，我已经拼尽全力想要做得更好，还制定了一系列相应的政策，为何总是不见成效呢？"听到小马的疑问，张总笑了，说："我刚刚从基层职员得到晋升的时候，虽然只是一个芝麻大的小官，但是也和你一样非常困惑，且无所适从。我建议你眼下最重要的不是去管理，而是真正去实干，也许等到你的能力让每个人都折服时，你就找到了解决问题的答案。"

对于一名管理者而言，一系列的政策自然是小马的梦想，他想把这些政策推行下去，也想从此之后展开崭新的人生。然而，小马作为空降的年轻管理者，显然很难服众，当他把事业当成梦想去灌注满腔激情和热血时，下属们只感觉到他的颐指气使和高高在上。其实小马想错了一件事情，那就是当下属并没有那么多人时，带头去干远远比管理更重要。只有当部门发展到一定规模，下属人数也比较多时，管理才一跃居为实干之前，成为完成本职工作最重要的因素。

现实生活中，产生想法和真正实干相比，总是更容易，这也是很多人都拥有无数金点子的原因。而在真正要把这些金点子变成现实时，却并非每个人都能当机立断，大多数人都会在现实面前感到迷惘，甚至因为遭遇小小的困境就情不自禁打起退堂鼓。所以关键在于如何坚持实干，如何比更多只会空想的失败者超前行动，这才是更接近成功的关键所在。

梦想卑微没关系，让行动使其变得高大上

说起梦想，很多人都会沾沾自喜甚至扬扬得意，觉得自己的梦想是高大上的，也是不染世俗烟火气的。相比之下，也有些人会对梦想感到自卑，因为他们觉得自己的梦想很卑微，甚至不能骄傲地告诉别人。从本质上而言，梦想是否值得骄傲，并不取决于梦想是远大还是渺小。一个梦想即使再远大，却因为不切实际而永远没有实现的可能性；而一个梦想哪怕再渺小，却因为脚踏实地而变得值得尊重和敬畏，那么毫无疑问，这个卑微渺小的梦想是更值得钦佩和敬畏的。从另一个角度来看，一个人的梦想是远大还是渺小，并不应该从他人口中得到答案。就像人们常说的，鞋子是否合脚，只有脚知道，对于每个人而言，梦想是否符合自己的实际情况，是否对人生有益，也只有自己知道。记住，你的梦想不会因为别人的嘲笑而黯然失色，也不会因为别人的赞美而不需要花费力气就能轻松实现。归根结底，你是你梦想的主宰，你是你梦想的主人，任何

情况下，唯有真正地把握和掌控梦想，人生才会有更进一步的发展。

现实生活中，有太多人拥有梦想，其中不乏很多人的梦想非常有创意，能够为人生带来有效的改观，然而能够实现梦想的人却少之又少。甚至越是高明的梦想，实现的可能性越小，反而是那些看起来不起眼的梦想，最终成就了人生，创造了奇迹，这到底是为什么呢？究其原因，是高明者的梦想过于远大，导致高明者在为了梦想沾沾自喜时，却忘记去实现梦想。而那些普通平庸的梦想所有者，并不认为自己有资格夸赞梦想，所以他们把更多的时间和精力用于实现梦想，第一时间展开行动，也真正把梦想变成了现实。

为何有些人有了梦想，却不愿意行动呢？一则是他们都属于拖延症患者，二则他们有可能无法战胜内心的恐惧，才导致行动延迟。他们到底在害怕什么？害怕改变生活的现状，害怕自己的内心不够强大，无法坦然迎接未知的未来，也害怕不能真正实现梦想。正是在这样犹豫不决、艰难的过程中，他们越来越怀疑自己，也因此而不得不承担一切后果。从本质上而言，恐惧本身才是最让人感到可怕的，而心怀恐惧的人所担忧的那些事情，未必真的会发生。所以战胜恐惧有一个好办法，那就是当机立断展开行动，一则是行动能够有效地驱除恐惧，二则是只有在真正去做，你才会发现自己所担心的一切并不真的发生。而且，行动还能给予人莫大的勇气，让人奋不顾身，勇往直前，最终距离梦想越来越近。

年轻人在初入社会的时候，都会经历一段时间的迷惘期。尤其是对于刚毕业的大学生而言，如果有过硬的学历和超强的专业技能还好，如果只是毕业于普通的大学，又缺乏工作经验，那么前途也就堪忧了。他们心比天高，眼高于顶，却最终在跌跌撞撞之后发现自己并没有想象中那么强大，也不像想象中那么不可战胜。很多年轻人都想一步到位找一份特别合心意的工作，殊不知这并不是一件容易的事情，就像谈恋爱一样，只有两情相悦才能成功，如果有一方对对方不满意，爱情就无法产生，更不可能维持下去。所以年轻人也应该准确定位自己，为自己树立恰到好处的梦想，才能发挥能力，把梦想变成现实。

作为初出茅庐的年轻人，除了有学历之外，一无经验，二无学识，自然无法对工作挑三拣四。在这种情况下，聪明的年轻人会选择努力拼搏，发挥自己所有的力量，创造人生的奇迹。如果年轻人总是瞻前顾后，无法当机立断，必然错失良机，也必然让人生陷入被动之中。

常言道，计划没有变化快。既然如此，就不要为了完善计划而付出太多的时间和精力，因为哪怕你把计划完善得再好，如果始终不能得以实现，那么这个计划就是毫无意义的。正确的做法是慎重制订计划，然后按照计划展开行动，在行动中发现计划有需要完善之处，应尽量完善计划，让计划变得更符合实际情况，也能给我们的生活带来更多的收获和机遇。记住，没有人能把梦想或者计划一步到位，与其抱怨缺少时机，不如在树立梦想和制订计划之后，就做好完全的准备，时刻准备着把计划付诸实施。人生就是由一件又一件的小事组成的，唯有对每件小事都认真负责，才是对人生负责的态度；唯有踏踏实实走好人生的每一步，人生才有可能变成你所期望的样子。朋友们，当你觉得自己梦想卑微的时候，不如马上展开行动，因为行动是梦想最好的修饰，也是为梦想注入力量的最佳方式。

学会分解目标，让行动即刻进行

一个人如果面对世界最高峰——珠穆朗玛峰，一定没有勇气真正地去翻山越岭，到达珠穆朗玛峰的最高点。而一个人如果面对泰山，也许还可以一鼓作气，登顶看日出。实际上，人在一生之中也需要翻越无数的山峰，把这些山峰加起来，高度甚至超过了珠穆朗玛峰，那么为何在直接面对珠穆朗玛峰时，大多数人却没有勇气去尝试呢？细心的朋友会发现，泰山的石阶每过一段就会有个平台，目的是供行人休憩。其实除了休息，平台还有另一个作用，就是把石阶分成一段段的，这样看起来就没有那么“恐怖”，也避免了石阶看起来就像天梯一样高不可攀。这是建造石阶者的智慧，他们正是以这样的方式激励登山者奋勇向上。同样的道理，远大的目标固然能够激励人生不断向上，但是过于远大的目标也会让人产生“够不着”的尴尬。民间有句俗话，叫作破罐子破摔，如果一个人认定自己再怎么努力也无法实现目标，那么他很有可能因为内心的脆弱和自卑而选择彻底放弃，从而使自己得以逃避这些看似无法完成的艰巨任务。

看到这里，相信有的朋友会感到困惑：不是说目标越远大越好吗？为何又说远大的目标让人望而生畏呢？别担心，该制订远大目标还是要制订的，只要不偏离实际、不是华而不实就好。在实现目标的时候，也是有技巧可用的，那就是像台阶的建造者一样，把目标也像台阶一样分成一个阶段一个阶段的小目标，这样每当实现一个小目标，我们就会产生成就感，也会拥有自信心，自然能够信心倍增地继续向前了。

从心理学的角度而言，远大的目标在行动之初只能提供大概的方向，甚至会因为过于远大而让人变得自卑，心生疲惫。近期的目标则往往是小目标，是稍微努力一下就能实现的，所以能够增强人的信心，使人更加充满勇气。人生之中，既需要远大的目标作为方向的指引，也需要短期内的小目标给人以自信，也让人得以检验努力的结果。由此可见，把远大的目标分解成一个个小目标至关重要。古人云，滴水穿石，绳锯木断。看起来，水滴一滴滴地滴落，并没有多么强大的力量，但是经年累月却能把坚硬的石头洞穿，而柔软的绳子也根本不是木头的对手，但是一次又一次坚持去锯木头，绳子居然真的能把木头锯断。不得不说，这正是坚持的力量，也是积累的力量。看起来，那些持续实现人生小目标的人并没有丰收，日久天长，他们就像爬台阶一样一个台阶一个台阶地向上，最终到达人生的巅峰，实现梦想。而那些一味地盯着远大目标，既不屑于完成小目标，又没有能力一蹴而就完成大目标的人，则被梦想唾弃，任由宝贵的青春年华悄然流逝，再也没有机会真正地实现梦想。

从另一个角度而言，那些分解之后的小目标就像是人生的导向标，让人生一步一个脚印，踏踏实实地奋发向前。所以在确立人生的远大目标之后先不要急于兴奋，只有把远大目标合理划分为小的阶段目标，按部就班地去实现，才有可能真正实现梦想。

有一年，国际马拉松比赛在日本举行。也许因为是主场吧，有一位叫山田本一的选手赢得了冠军。在此之前，山田本一始终默默无闻，根本没有人想到他能夺得冠军。比赛结束后，记者们蜂拥而至，采访看起来身材矮小、并不强壮的山田本一是如何获胜的。对此，山田本一只是说："凭智慧取胜。"得到这样的回答，记者们显然不满意，众所周知马拉松比赛最考验耐力和体力，谁也想不明白马拉松比赛为何会与智慧扯上关系。大家都以为山田本一是在故弄玄虚，因而没有继续追问，还有人觉得山田本一就是侥幸取胜，所以根本说不出子丑寅卯来。

时隔几年，在另一个国家举行的国际马拉松比赛中，山田本一又赢得了冠军。面对记者问出的类似问题，山田本一依然回答"凭智慧取胜"，同样没有博得人们的满意。直到若干年后山田本一出版了自传，人们才知道山田本一"凭智慧取胜"的意思。原来，每次参加马拉松比赛之前，山田本一都会绕着赛道认真观察，并且带着纸笔做笔记，以具有特色的标志物划分赛道。例如他把一座白色的大楼作为第一站，把一棵百年老树作为第二站，把一栋红房子作为第三站……以此类推，在其他选手眼中漫长的赛道，在山田本一眼中却只是一站又一站。当很多选手因为路途遥远而身心俱疲时，山田本一一站又一站地跑过去，到达每一站时都会快速冲刺，不但不会觉得身心俱疲，还能保持速度，所以轻轻松松就赢得了冠军。

山田本一凭着以标志物划分赛道取胜，这的确是凭智慧取胜。面对人生的远大目标，我们如果感到疲惫和无奈，也应该采取这样的方式，把远大目标划分为小目标，这样才能逐个实现目标，也最终奔向梦想的终点站。

伟大的领袖曾经说过，星星之火，可以燎原。切实有效迈出通往梦想的第一步，真正展开行动实现每一个阶段的梦想，才能成为梦想达人，最终到达人生遥远的目的地。记住，即使千山万水地跋涉，路也要一步一步才能走完，一味的心急根本没有用，唯有砥砺前行、绝不放弃，才能以脚步丈量人生，才能以踏踏实实的每一步实现伟大的人生目标。

只有靠自己，才能实现梦想

在人生的道路上，每个人都有梦想，有人希望自己在人生之中获得成功，有人希望岁月静好，人生顺遂如意，也有人希望人生总是坦途，没有坎坷逆境。然而，不论是怎样的人生梦想，都不可能轻而易举实现。每个人唯有依靠自身的力量，更加完善自我，坚定不移走好人生之路，才能真正实现梦想，也才能让人生变得璀璨而充实。

面对命运的不如意，很多人会抱怨命运，觉得都是因为命运不公，自己才会遭受这么多的磨难。殊不知，命运向来都是公平的，命运在给一个人关闭一扇门的同时，也会为这个人打开一扇窗。所以真正积极乐观的人，真正心怀希望的人，哪怕在人生中遭遇逆境也绝不会轻易放弃，而是会拼尽全力，依靠自身的力量坚持下去。人生中不但有不如意，也会有各种各样的意外，甚至是惊吓。当人生遭遇困厄，最明智的做法不是向他人求助，因为在这个世界上，除了父母之外，没有任何人能无条件地对我们好。哪怕是父母，也无法做到始终陪伴在孩子身边。认清楚这一点，我们就要激发出自身所有的力量，付出最大的毅力和坚持，从而主动实现梦想，给人生完满的交代。

很久以前，有个男人离婚了，不得不带着年仅两岁的儿子生活。一个大男人又当爹又当妈，可想而知他的日子过得有多苦，然而男人从未抱怨过，一心一意只想给儿子最好的教育，也竭尽所能陪伴孩子成长。

一天，男人带着儿子去儿童游乐场玩耍，儿子玩得兴致勃勃、忘乎所以，爬到高高的楼梯上，丝毫没有意识到潜藏的危险。这时，男人脑中灵光一闪，意识到应该给儿子一个教训，所以他笑眯眯地对儿子说：“儿子，快跳下来吧，爸爸会抱着你的。放心！”也许是为了博得儿子的信任，他情不自禁加上了这样两个字。听到爸爸的承诺，儿子感到非常放心，也很安全，为此他就像是游泳运动员跳水那样，完全放心地从楼梯上跳下来。然而，正当此刻，男人突然把手收回来，儿子重重地掉在地上，摔了个屁股墩，情不自禁哭了起来。儿子喊道：“爸爸，你为什么说话不算数，为什么故意骗我啊！”男人擦干儿子的眼泪，语重心长地说："孩子，你要记住，任何时候你都只能靠自己，这个世界上没有人会给你永远的依靠。记住了吗？"儿子似懂非懂地点点头。对于这个深刻的人生道理，他还需要很长的时间才能领悟透彻。

看完这个事例，也许很多妈妈都会抱怨男人太狠心，居然故意让儿子从高的地方摔下来，只有男人知道，他这样是对儿子负责，是为了给儿子更好的教育。的确，对于每个人言，人生从来都不是一帆风顺的。越是在遭遇人生困厄时，我们越是应该摆正心态，从而让自己拥有幸福美好的未来。否则一味地沉浸在父母无微不至的照顾中，对于外界有可能发生的一切都无知无觉、不以为然，那么最终受到伤害的还是自己。

父母对孩子最可怕的爱，就是溺爱孩子，为孩子包办一切。父母对孩子最负责任的爱，就是给予孩子更大的成长空间，历练孩子，让孩子不断成长，培养孩子独立生活和面对一切的能力，这样在父母悄然老去时，孩子才能独自支撑起人生的一片天，也才能肩负起养育自己的孩子和照顾父母的重任。从某种意义上说，依赖就像是一种精神上的毒品，如果长期依赖他人，就像在精神上吸食鸦片，会给人生带来最深刻的绝望，使人生坠入无底深渊。

对于梦想，毋庸置疑，实现梦想是需要付出百倍的努力和辛苦的，然而哪怕遭遇再多的坎坷磨难，我们也只能依靠自身的力量走完通往梦想的道路。否则一次求人，次次求人，总有不能如愿以偿的时候。就算是最疼爱和呵护我们的父母，也终将会老去，也无法永远为我们支撑起人生的晴空。所以每个人在追求梦想的道路上都是独行侠，虽然偶尔可以借力于他人，最终却要依靠自己的不断努力获得成功，摒弃失败。还需要注意的是，在实现梦想的过程中不要盲目模仿他人。要知道，每个人都是这个世界上独一无二的个体，每个人的梦想也都是迥然不同的，这也注定了每个人通往成功的道路不同。与其盲目模仿他人的梦想和成功之道，不如坚定不移做最好的自己，这样才能砥砺前行，到达人生的彼岸。

第 04 章

为梦想努力，遇见更好的自己

这个世界上，既没有天上掉馅饼的好事，也没有一蹴而就的成功，每个人要想实现梦想，就必须当机立断展开行动，才能以努力为自己争取更多的可能性。总而言之，没有任何好的方式能够让一个人轻而易举实现梦想、获得成功，如果一定要说通往成功的道路是有捷径的，那么就是让自己更加优秀，努力提升和完善自己，从而逐步接近梦想，最终实现梦想，收获梦寐以求的人生。

优秀的人，才能吸引他人的关注

面对“鹤立鸡群”这个成语，人人都希望自己是高挑的仙鹤，而其他人则是矮小的鸡仔，这样自己才能从众多鸡仔中脱颖而出，以他人的不够优秀来衬托自己的非常优秀。实际上，每个人都是世界上与众不同的个体，既不能妄自菲薄，也不能自高自大。常言道，没有比较就没有伤害，尤其不要用他人来衬托自己的优秀。真正自信的人，哪怕没有他人的衬托，也能凭着自身的优秀而出类拔萃。现代社会，随着时代的发展，人心越来越浮躁，巨大的生活和工作压力让很多人都不知所措，甚至不知道怎样才能把控和主宰人生。面对这样尴尬的境遇，我们一定要变得更加优秀，才能让自己从容迎接挑战，也才能在竞争中脱颖而出，通过不断地历练自己，而让自己变得更优秀，更出类拔萃。这样一来，还愁找不到存在感吗？记住，优秀永远是你获得存在感的保证，永远是你面对人生从容自若的资本。

人为何要有梦想呢？有人说梦想是人生的引航灯，有人说梦想是希望之光的所在。实际上，梦想能够给人提供力量，让人在感到人生枯燥乏味、百无聊赖之际，给人生更多可以寄托的所在。一个人唯有在梦想的指引下，才能排除万难，战胜人生的坎坷磨难，才能拼尽全力成就自我，提升和完善自我，从而让自己更具有存在的价值，也吸引更多人的关注。真正的人生不是路人甲，不是在人生之中转瞬即逝。正如人们常说的，燕过留名，人过留声，每个人在人生之中都必须发愤努力，才能最大限度激发自身的潜能，也留下好名声。

如今，很多人都提倡极简生活，意思是不要贪婪，而是降低自身的欲望，从而才能更加回归本心。然而，凡事皆有度，过犹不及，如果因为追求生活极简，而完全否定自己的所有欲望，使自己在人生中不知所措，不知道怎样才能收获更多，那么无疑是虚度人生。从本质上而言，寻找存在感，证明自身的价值，和追求极简生活并不矛盾。而优秀则是一个人存在的标志，也是一个人不可抹杀的存在价值所在。

大学毕业后，因为学历不过硬，周娅找了很长时间的工作才机缘巧合进入一家大企业。看到周娅有了好去处，有些同学很羡慕，而有些同学则为周娅担忧。因为周娅并非毕业于名牌院校，也没有独特的能力，所以同学们担心她进入大公司之后反而无法适应，也许很快就会被淘汰。对于自己的现状，周娅当然也心知肚明，为此她没有盲目乐观，而是意识到进入这家大公司工作，对她而言也许恰恰是更大的挑战，也必须付出百倍的努力才能跟得上趟。

成为光鲜亮丽的白领后，周娅不但每天都要做好本职工作，还要抽出时间来努力提升和完善自己。为了提升英语水平，她利用业余时间报名参加了英语培训班，除了周末要上课之外，周一和周三的晚上也要学习。一年之后，周娅的英语水平有了很大的提高，人也瘦了一圈。同学聚会时，同学们不以为然地劝说周娅："可以啦，你现在英语水平已经提高了，不用再那么辛苦了。"周娅却说："接下来，我准备学习商务英语，毕竟我不可能永远当小职员啊，万一哪天我得到晋升的机会，也好为自己加分。"同学们纷纷摇头，从毕业就与学习彻底绝缘的他们，实在不知道周娅为何这么拼尽全力！

几年之后，周娅的工作经验越来越丰富。一个加班的周末，一个中年人拿着笔记本来到周娅公司里找了张桌子坐下来开始上网，周娅原本以为是不相干的人，又因为当时办公室里很空旷，所以就任由那个人坐着。正当此时，有个国外的客户打来电话询问业务方面的问题，周娅以一口熟练的商务英语和客户交流，那个中年人情不自禁被周娅吸引，抬起头来注视着周娅。等到周娅挂断电话，中年人说："姑娘，你一定是学习对外贸易专业的吧，英语说得这么好！"周娅简单讲述了自己的学习经历，中年人连连点头，表示赞许。没过多久，周娅突然被调到公司的贸易部门工作，不由得受宠若惊。直到去贸易部门报到后，周娅才听部门主管说是老板钦点她来贸易部门的。周娅不由得恍然大悟：原来，几个月前邂逅的那个中年男人，就是公司里最神秘的、神龙见首不见尾的老板呀！

如果周娅不曾在侥幸进入这家大公司之后坚持学习英语，并且学习了商务英语，她就根本没有机会博得老板的赏识和认可。现代社会，很多年轻人都抱怨自己生不逢时，遇不到伯乐，却从未想过自己之所以命运不济，并非是真的没有好运气，而只是不够努力，准备得不充分，不能随时抓住机会而已。

记住，每个人都是世界上独一无二的存在，每个人都必须深刻认识到自身的价值，才能最大限度发掘自身潜力，让自己变得更优秀。当一个人木秀于林时，没有人能够对他视若无睹，因为他优秀的光芒会在每个人眼中闪耀，他的荣誉，也会让人们对他刮目相看。

随心所愿地生活，就是最大的梦想

每当提起理想的生活，很多朋友都会说希望自己人身自由、财务自由。提起来，人身自由和财务自由都是简单的愿望，但是真正要想实现这一点，却非常难。因为人身自由至少要不受工作时间的局限，而财务自由则必须赚取足够的金钱。难以想象，除了自主创业且事业有成的人，以及那些高精尖人才之外，还有谁能够如此自由呢？当然，人的本性就是追求自由，每个人最大的愿望就是随心所欲地生活，而不被生活的洪流裹挟着往前走，没有任何选择的余地和空间。要想实现人生最大的梦想当然不是一件容易的事情，我们每个人都是普通而又平凡的人，只有摆脱平庸，变得出类拔萃，才能活得更容易一些，也才能得偿所愿尽情享受生活。做到这一点，真的很难，有的时候人生如同蝼蚁，每个人甚至无法决定自己中午吃什么、每天做什么，又谈何主宰人生、把控人生呢！

梦想，从来都是最具有个性的东西，而不是可以盲目模仿他人或者被他人模仿的。有人梦想成为老师，有人梦想成为科学家，有人只想做个小生意养活一家人，有人还想要上太空，总而言之，每个人都是这个世界上独一无二的生命个体，每个人的梦想也是截然不同的。然而一切的梦想归根结底，都可以用“随心所愿”来概括和总结，而每个人最大的人生理想，也足以用这四个字作为至高无上的代表。

现实生活中，很多人喜欢对他人的生活指手画脚，对于他人的所作所为，他们总是妄加评论。而当自己也被他人横加干涉或妄加评论时，才觉得内心很痛苦，也对别人很憎恶。从这两个方面而言，人固然不能冷漠，却也不要过多与他人纠缠在一起，很多情况下，明哲保身是完全有必要的。人与人之间有一个安全边界，就像在西方国家人们在排队做事情的时候，彼此之间都会保持一定的距离。实际上，人的安全边界不仅仅在于身体上的距离，更在于心理上的距离。每个人唯有调整好心态，让自己能够最大限度发挥力量，创造美好的生活，这才是最重要的。

有一次，央视著名主持人崔永元在美国录制节目。他看到有一辆非常漂亮的大卡车停在马路边，而且这辆车上装着满满一车的货物。和中国不少脏兮兮的大卡车不同，这辆大卡车尽管装满了沉重的货物，但是却非常干净整洁，驾驶室里还挂着很多精美的装饰，可见货车主人很爱惜自己的货车。

货车主人是个中年男人，不但身材魁梧，而且相貌堂堂。和大多数货车司机脏兮兮油腻的形象不同，这个货车司机西装革履，胡茬泛出青色的光芒。如果不是因为他此时此刻的确坐在驾驶室里，人们根本想不到他居然是个货车司机。崔永元突然产生冲动，想要采访这位货车司机。货车司机热情地邀请崔永元上了自己的车，崔永元这才发现在驾驶室后面，居然隐藏着一个小小的家，不但有各种生活必需的电器，还有沙发和书柜以及卫生间呢！崔永元震惊了，货车司机说："这几年来，我就是开着这辆货车走遍了整个美洲，它是我流动的家，还会伴随我走遍世界的每一寸土地。"货车司机的脸上满是骄傲，崔永元敬佩地问："开货车是您的理想吗？"货车司机笑着说："当然，我从6岁开始就梦想着成为一名货车司机，我爸爸还很支持我呢！后来我初中毕业，如愿以偿进入汽车职业学校，几年之后就开上了梦寐以求的大货车。我还记得我第一次开货车的时候，我的父母甚至比我更加激动和兴奋呢！"看着货车司机喜形于色的样子，崔永元在心中说道："你真幸运，你实现了自己的梦想！"

如果是在中国，当孩子说出自己长大之后想成为货车司机，那么毋庸置疑，父母一定会劈头盖脸对孩子一顿数落。因为大多数父母对于孩子的梦想都更加远大，绝不仅仅局限于货车司机。事例中，货车司机无疑是幸运的，但是他最大的幸运不在于如愿以偿开上了货车，而在于他有认可与理解他的父母，而且他的父母还很支持他的理想。如今，太多的父母都望子成龙、望女成凤，还有很多父母逼迫孩子继承自己的梦想，实现自己未尽的人生愿望。殊不知，孩子虽然因着父母而来，却是自己人生的主人。父母尽管给了孩子生命，却并不能强求孩子一定要按照父母的意愿去生活。

每个人都有权利主宰自己的人生，每个人都有空间形成自己的梦想。众所周知，人生总是反复无常的，每个人要想主宰命运，就必须竭尽全力提升和完善自己，才能尽最大可能主宰人生、实现梦想。任何时候，我们都必须按照自身的想法，做最自由和快乐的自己，才能拥有梦寐以求的理想人生。

不忘梦想，激发出人生潜能

对于每个人而言，最大的敌人并非是不如意的客观外界和人生境遇，而是自己的内心。当人被局限于自己内心的囚牢之中，哪怕再怎么努力，也会收效甚微，这是因为人最大的敌人是自己，人生最大的阻力也来自自己。在现实生活中，我们哪怕身处绝境，也必须坚定信念，在人生的道路上勇往直前。尤其是在实现梦想的过程中，我们更要发掘出自身所有的潜能，战胜一切的坎坷磨难，才能看到希望的曙光，说服自己坚持下去。记住，当你所有的力量都直指人生的梦想，你就能够坚定不移，绝不畏缩和退却。

人是这个世界上最神奇的生物，也是整个大自然界万物的灵长。对待人生，我们既可以采取仰视的态度，也可以采取平视的态度。其实，人生说起来伟大，是因为人生中充满了生命的奇迹，假若换作平常心，那么人生也没什么特别出奇的地方，因而人生就是日复一日的重复。没有人知道人生的终点在哪里，也没有人知道人生何时何处会戛然而止，既然如此，就把人生的每一天都当成生命中的最后一天度过，让自己无论何时离开都无怨无悔，生存多久都尽情尽兴。在漫长而又短暂的人生中，每个人都希望自己的人生是轰轰烈烈的、惊天动地的，实际上大多数人只能拥有平凡的人生。当然，尽管人生在他人眼中也许是平凡的，但是在我们眼中却是独特的，也是值得骄傲的。唯有活出这样的淡然与精彩，我们才能从容面对人生，也才能在人生中拥有更加幸福美好的未来。

对于人生，很多人都觉得寡淡，还有人说人生如同白开水般毫无滋味。其实，白开水的滋味恰恰是人生真味，哪怕人生暂时有丰富复杂的味道，最终也依然要归于平淡。要想让平淡的人生透射出精彩的光芒，最重要的就是激发出自身所有的力量，从而给人生争取最好的结果。记住，一个人如果内心充满了力量，那么他的人生一定与内心缺乏力量的人截然不同。所以对于每个人而言，最重要的在于激发内心的潜能，让小宇宙爆发，而不要总是被动地等待奇迹的发生。

每当看到别人意气风发的样子，很多人都会纳闷：为何别人看起来总是那样斗志昂扬，且绝不气馁呢？难道是因为他们的人生一帆风顺，从来没有任何挫折和坎坷吗？当然不是。没有任何人的人生是一帆风顺、顺遂如意的，正所谓人生不如意十之八九，大多数人的人生都要经历重重困境，才能守得云开见月明，之所以别人总是看起来无忧无虑、充满力量，是因为他们深谙生命的真谛，也决定要在人生中拥有幸福美好的未来，所以他们始终不忘初心，牢记梦想，也就拥有了更大的永动力。

作为拉脱维亚规模最大的监狱，一直以来，耶尔加瓦监狱中的暴力事件接二连三地发生，也时常发生自杀案件。为此，耶尔加瓦监狱当之无愧成为亚洲最糟糕的监狱，也成为人间的地狱。在耶尔加瓦监狱中，犯人整日无所事事，除了打架斗殴，就是寻死觅活。面对如同行尸走肉般的犯人，监狱管理者想出各种办法解决困境，却始终收效甚微。

有一天，监狱长正在休假，因为不同意女儿去酒吧打工，与女儿爆发冲突。女儿冲动地说："暑假那么漫长，如果我始终无所事事，那和坐牢有何不同呢！"这句话让监狱长脑中灵光一闪，当即意识到如果给犯人们找点儿事情做，让他们投入劳动之中，也许就能改变现状呢？监狱长马上进行详细计划，并且报请上级部门批准。在得到批准之后，他当机立断开始改革，此后监狱里再也不是白吃饭的地方，每个犯人都要依靠劳动挣钱养活自己，监狱长还规定犯人家属不许再往监狱里寄钱。针对那些想做生意需要投资的犯人，经过监狱长批准可以向家人索要一些本钱，也可以通过借贷的方式向监狱办理贷款。渐渐地，犯人们的生活越来越充实，精神状态也大有改观。为了维持监狱里的经济社会，监狱长还派出狱警巡逻，又制订了一系列措施防止狱警贪污受贿。半年之后，监狱里的暴力事件发生概率大大降低，犯人们也因为实现了自身的价值，而变得更加积极乐观面对生活。

一个人心中如果没有梦想，人生就会变成一场行尸走肉的秀。在这个事例中，监狱长恰恰是通过让犯人劳动的方式激发犯人的希望，让犯人再次对人生树立梦想，也有效改善了监狱里的情况。由此可以看出，对于每个人而言，最可怕的是心中没有梦想、彻底绝望，而不是所谓的受苦受累、努力奋斗。

人生总是充满了奇迹，关键在于每个人都要对自己满怀信心，拼尽全力去做。很多人都会遭遇人生的困境，甚至被困住而无法自拔，越是这样的情况，我们越是要坚定从容，从而发掘自身的力量，激发自身的潜能，让自己以最快的速度奔向梦想所在的地方。

唯有成就自己，才能实现梦想

关于梦想，很多人都感到困惑和迷惘，因为他们不知道如何才能实现梦想，也不知道怎样才能让自己成就辉煌。实际上，每个人都有梦想，每个人实现梦想的方式也是截然不同的，与其因为实现梦想而忧愁，不如更加激励和鼓励自己，从而提升和完善自己，也让自己在通往人生的道路上奋勇向前、绝不畏缩。

就像计算机有硬件和软件一样，每个人其实也有硬件和软件。所谓硬件，就是一个人的学识、能力和水平；所谓软件，就是一个人的理想、梦想和对于人生的期许与目标等。人生是一个漫长的过程，每时每刻都处于变化和发展之中，对待瞬息万变的人生，最重要的是采取与时俱进的态度，该更换硬件就更换硬件，该升级软件就升级软件，总而言之绝不要让人生止步不前，甚至不断退步。面对人生，没有人知道自己接下来会面对什么，这种情况下，一味地因为人生而苦恼，或止步不前，当然是不可取的。正如人们常说的，人生如同逆水行舟，不进则退，既然如此，我们当然要时刻保持学习的姿态和进步的态势，才能在人生之中做到兵来将挡、水来土掩，绝不至于一败涂地或一蹶不振。机会永远只属于准备好的人，每个人唯有成就自己、遇见最好的自己，才能在梦想面前挺直腰杆，在实现梦想的道路上勇往直前。

现实生活中，很多人总是自以为是，觉得自己已经非常优秀，所以不需要努力。那么试问，为何优秀的你们无法如愿以偿地生活和收获人生呢？归根结底，不是因为客观存在的一切让你们无法应对，也不是你们缺少天赋或能力不足，而是因为你们总是自以为是，把自己装得太满，自然就不可能容纳更多的东西，也就失去了提升自我的空间。现实生活中，很多人都会感到愤愤不平，甚至因为遭到命运残酷的捉弄而绝望和沮丧。当真正静下心来去想，你会发现自己其实并没有那么优秀，甚至不像自己想象的那样说得过去。

每个人都是一个空空的杯子，在装满了大块的石子之后，还可以装入一些小块的石子。正当你以为已经满了，却发现还能装进去沙子，还能装进去水。即使一切都装满了，在天气炎热的日子里，水分也会蒸发，如果瓶子底部漏掉了，还会导致石子减少。由此可见，人生实在是反复无常，拥有太多的可能性，所以每个人只有保持空杯心态，才能不断地清空自己，让自己拥有更远大的未来。

和昨天的你相比，今天的你一定是有所进步的；和去年的你相比，今年的你一定是截然不同的。所以朋友们，不管什么时候，都要做到不忘初心、牢记梦想，才能在人生的道路上砥砺前行，最终到达成功的彼岸。也许有人会说自己天生愚笨，从本质上而言，既没有人天生愚笨，也没有人天生聪慧。每个人唯有更准确地定位自己，给予人生更多的可能性，才能成就最优秀的自己，也才能让人生别有洞天、成就非凡。

从另一个角度而言，让自己变得更优秀，既是鼓励自己，也是约束自己。众所周知，这个世界并没有绝对的自由，越是生活在底层，能做的事情也就越少，条条框框的规定也就越多。所以为了让人生享受更充分的自由，唯一的捷径就是不断努力，让自己到达顶峰，这样既能一览众山小，也能距离梦想越来越近。

越努力，越幸运，今天你努力了吗

尽管人人都想一蹴而就获得成功，现实却告诉我们，从未有任何人能够在人生的道路上一步登天，更没有任何人能够日日享受免费的午餐。面对生活的残酷，还有些朋友会抱怨人生充满艰难坎坷，命运总是折磨和薄待自己，却不知道命运总是公平的，并不会特别青睐某个人，也不会特别亏待某个人。最重要的是，努力者才能更幸运，这不是命运不公平导致的，而是因为努力者能够时刻做好准备，也能够随时抓住机会，自然会有更好的发展和前途。

一直以来，中国人都很看中食物，按照传统的习俗，很多人见面第一句话喜欢问“吃了吗”。曾经风靡全国的这句话放在今日来看似乎有些不合时宜，因为生活中有太多比吃喝更重要的事情，所以我们也要与时俱进，改变问候的方式。据说英国因为多雨雾重，所以人们见面最喜欢谈论天气，那么在一年四季分明的中国，应该问什么话题才不落俗套，而且与时俱进呢？不如问“今天，你努力了吗”，仅仅听上去，这就是一句很励志的话，不是吗？其实这句话不仅可以用来问别人，更重要的是日日拿来问自己。古人云，一日三省吾身，现代人也应该每天至少三次问自己“今天，你努力了吗”，从而对自己起到良好的激励和鞭策作用，也督促自己不能有片刻放松。

人生看似漫长，实际上是很短暂的，如果平白无故就浪费了宝贵的生命时光，那么人生如何有所突破和发展呢！对待人生，每个人都要从容自若、不遗余力，才能竭尽所能创造人生的奇迹，也才能最大限度打开人生成功的大门。没有这样的精神，人们是很难获得成功、实现梦想的。

梦想是个调皮的家伙，它并不老老实实待在我们的面前，而是时常跳跃、时远时近。尤其是对于那些看到梦想就感到害怕的人，更应该勇往直前。否则当你因为梦想而退却的时候，梦想就会故意逗弄你，让你感到无所适从、心力交瘁。从某种意义上来说，梦想和困难有些相似，它们都像弹簧，你强它就弱，你弱它就强。实际上，每个人通往梦想的道路同样漫长，只是有些人走得更快，因而能够迅速实现梦想，有些人走得太慢，总是被梦想远远甩下。

一个人即使再饿，也要一口一口地吃饭；目的地哪怕再遥远，我们也必须一步一步才能走下去。没有任何人能够一口就吃成大胖子，也没有任何人能够紧紧一大步，就顺利到达目的地。对于整个世界来说，万事万物都遵循循序渐进的原则，人们也必须耐下心来去等待、去奋斗，才能更加接近人生的理想，才能真正拥有美好的未来。

记住，实现梦想是任重而道远的事情，没有人能够在通往梦想的道路上一蹴而就。人生越是充满艰难坎坷，未来越是看似遥不可及，我们就越是要用脚步丈量人生的意义，用奋斗实现人生的价值。否则，一旦你放弃了，还能和谁并肩作战，实现人生的终极梦想呢？！

悦纳自己，才能成就更好的自己

今天，你努力了吗？如果答案是否定的，那么就承担一切的后果，而不要抱怨自己毫无收获是因为命运导致的；如果答案是肯定的，那么恭喜你，你已经迈出了通往成功的第一步，也有资格憧憬未来，畅想成功了。当然，努力只是通往成功的第一步，至于最终能否真正到达成功的彼岸，还需要更多的努力，也取决于更多的条件。

过了努力的门槛，你才能更加从容地奔向成功，也才具备获得成功的资格。然而，努力并非短暂的事情，而是漫长的过程，更不是一时兴起就努力一下，等到兴致不高时就又放弃了。所以当你看到大多数人都在努力时，更应坚持而不是懈怠和放弃。这就是努力的方式，不是一蹴而就，而是水滴石穿、绳锯木断。还有些朋友在付出努力却没有得到相应的结果之后，未免抱怨自己不够幸运，殊不知，是否幸运并非取决于努力的程度，也不要因为努力后没有收获就否定自己，而要相信自己、悦纳自己，才能成就更好的自己。

也许有些朋友会感到纳闷：世界上，有谁会以否定自己为有趣呢？偏偏就有这样的人，总是否定自己，更不愿意相信自己。殊不知，一个人奔向成功最大的阻力，就是不自信，就是盲目自我怀疑，始终无法坚定不移高扬起人生的旗帜努力上进。悦纳自己，是接纳世界、认可他人的第一步，也是获得成功的先决条件。试想，如果一个人连自己都不相信，又如何相信他人，激发出自身的所有潜能，与他人建立良好的关系，从而获得成功呢？

一次努力没有获得收获并不代表什么，因为努力是持续的、循序渐进的，是在人生之中不断积累和奋发向上的过程。努力当然是个褒义词，而且向人们传达出积极的意味，但是努力从来不是随心所欲，也不是想当然，而是持续不断地付出，哪怕遭遇挫折也绝不放弃，哪怕有了小小的成绩也绝不沾沾自喜。只有这样不断地努力，积极地向前，人生才能因为努力而变得与众不同。

不可否认的是，现实生活中，大多数人都是普通而又平凡的，他们并没有独特的天赋，也没有过人的条件。作为普通人，要想获得成功，就要戒骄戒躁，绝不辜负好时光，也不急功近利，更不会把人生当成一场博弈。唯有怀着积极向上的人生态度，让自己拥有从容淡然的心境，才有可能有心栽花花不成，无心插柳柳成荫。有的时候，成功就是你只需要坚持努力，其他的交给时光去成全。

举个最简单的例子，假如你在读大学期间每天坚持背诵5个英语单词，相信对于每一个大学生而言每天记忆5个英语单词并不难，难处却在于能够日久天长地坚持下去，那么经过几年的大学生活，你的英语水平一定会取得突飞猛进的进步。再如，随着生活水平的提高，越来越多的胖人，为了减肥总是信誓旦旦，甚至心血来潮去爬山。殊不知，仅靠一次运动，哪怕把自己累死，也无法如愿以偿变得纤细苗条。要想减肥，不但要管住嘴，还要迈开腿，更要坚持不懈、持之以恒。所以朋友们，不要抱怨人生总是充满坎坷困境，也不要抱怨自己付出努力却没有任何收获，而要扪心自问：我的努力够坚持吗？当答案是肯定的，也要继续告诉你：我之所以还没有成功，只是因为我的努力还远远不够。唯有拥有健康积极的心态，我们才能在努力之后收获人生，也才能在努力之后证明自己的实力和价值！当然，这一切的前提都是认可和接纳自己，欣赏和赏识自己！

第 05 章

你的梦想值得你用一生来实现

人生很长，长得每个人都有无数的梦想要实现；人生也很短，短得只够实现一个梦想。有人说人生是一场没有归途的旅程，的确，没有人知道人生将会在何时戛然而止，也不能预期将会看到怎样的风景。为此，人们常说人生是无常的，实际上人生尽管无常，却可以通过梦想来引导人生的方向，也可以通过梦想来缔造人生的辉煌。只要你不管何时都怀揣着梦想、绝不放弃，那么你就能掌控人生，也能创造生命的奇迹。

不要活在别人的眼光里

在这个世界上，每个人都是无一无二的存在，每个生命都是不可复制和不可或缺的。然而，现实生活中，偏偏有很多人都特别在乎他人的眼光和评价，甚至因为他人随随便便的评头论足就彻底改变了自己。殊不知，一个人即使再怎么设身处地，也不可能完全站在他人的角度，从他人的立场出发解决问题。每当此时，看似真诚给出的各种建议，很有可能会使他人误入歧途，甚至感到困惑。尤其是当周围的声音此起彼伏时，当事人更会觉得惊慌失措，甚至完全迷失了人生的方向。不得不说，人生从来不是公平的，每个人也根本无法仅仅凭着自己的努力就收获人生，那么如何处理好与他人的关系呢？这既关系到我们在人生之中会有这样的收获，也关系到我们的人生将何去何从。

有人说，人生就是接二连三的磨难和考验；也有人说，人生就是不断地选择。的确，如果能够把人生之中每个选择都决定得恰到好处，那么人生就会非常成功。然而面对选择，很多坚决果断的人也会迟疑不决、犹豫不定，甚至不知道怎样做出决断。在这种情况下，与其一味地抱怨命运没有给自己公平的对待，不如放宽心态，边走边看人生的前路，也给予自己更多探索的机会。

现实生活中，每个人都有自己的小算盘，虽然人人都想要收获人生，成就璀璨辉煌的人生，但是却各有人生之路。人生，未必能够殊途同归，相反，不同的人生道路上，一个人也许能够成全自己，但是却未必能够模仿他人。从这个角度而言，所谓的成功是不可复制的，成功的经验固然可以借鉴，但是根本不能作为人生的重头戏。我们既要坚定自己的内心，也要最大限度摒弃他人的不良意见，从而避免接受负面影响。在人生的过程中，我们既要从容对待人生，也要不遗余力创造人生，这样才能决定自己的人生之路，也才能主宰人生、操控命运。

偏偏生活中有很多好心人，他们喜欢关心别人的事情，不管是否真的能够帮到别人，他们也都不遗余力地替别人出主意，给予他人莫衷一是的建议。从本质而言，未必每个建议都会对我们有益，也未必每个建议都是真心诚意且对我们有正面作用的。与其一味地盲从他人的意见或建议，不如静下心来认真思考自身的情况，从实际出发，最大限度打开人生的通道，让人生海阔天空。只有这样，我们才能在人生中有所收获、有所成就。

除了不能盲从他人的建议外，换一个角度来说，我们也要管好自己的嘴巴，不能随随便便就对他人颐指气使。要知道，人人都有自己的人生，人人都有自己的梦想，作为旁观者虽然清楚，却也迷茫，更不可能完全了解当事人的情况。唯有意识到这一点，我们才能有所收敛，不会指点江山般对他人的人生指手画脚，也才能从容淡然欣赏他人的人生，在他人需要时适可而止表达自己的意见和看法。世界上，哪怕亲如父母子女之间，也不能完全替代另一方去活出精彩，只能有限度地介入彼此的生活。尤其是父母对于子女，虽然父母给了子女生命，抚养子女长大，但是不能就这样不请自来主宰子女的人生。也许子女小时候要完全依赖父母生存，但是随着不断成长，他们最终要拥有自己的人生，也要活出与众不同的精彩。

总而言之，朋友们，从谏如流不是盲从，哪怕对方是再亲近的人，我们都要坚定不移做好自己，才能赢得对方的尊重。记住，人生最大的梦想，就是活出最真实的自己，活出独属于自己的样子，这样的人生才会让人敬佩，也是能够获得他人手动点赞的！

如何拥有随心所愿的人生

对于人生，每个人都有各自不同的梦想，实际上不管是怎样的梦想最终都可以归结为一种，那就是拥有随心所愿的人生。所谓随心所愿，即生活呈现出你所期望的样子，像你所想象般那么美好，而且绝不苟且。就像网络上一句流行语所说的，生活不止眼前的苟且，还有诗和远方的田野。实际上，在这个世界上，没有任何人有资格天天享受免费的午餐，也没有任何人能够一蹴而就获得成功。随着时代的发展，越来越多的人陷入浮躁的心态中，总是急功近利，恨不得自己生而就是成功人士，再也不用拼搏和奋斗。一旦不能实现梦想，他们又会怨声载道，觉得命运有失偏颇，总是给予自己太多的挫折和磨难，从未给自己任何小成就和收获。对于喜欢抱怨的人而言，与其花费宝贵的时间抱怨，不如努力提升和完善自己，从而拼尽全力改变命运，过上梦想中的生活。

每个人的心中都有一幅画布。在这幅画布上，生活呈现出不同的绚烂多彩，这是因为每个人对于人生都有不同的描画，也常常因为自身的努力，让现实朝着愿景奔去。然而，能够真正实现人生愿景的人毕竟是少数，大多数朋友尽管把人生幻想得无比瑰丽，最终却发现人生总是黯然失色，甚至事与愿违。毕竟实现梦想不是一件简单的事情，必须经过长久的努力，不遗余力地去争取，才能越来越接近理想的样子。

很多朋友都有同样的困惑：为何我的人生这么艰难，而别人却总是活得轻松自在呢？其实，这完全是假象，也使很多朋友因此而陷入苦恼之中。首先，你是你自己生活的主宰，所以你完全洞察了自己生活的本质。其次，你是他人人生的旁观者，因而只能看到他人想表现出的生活。这就像朋友圈一样，从朋友圈里看，每个人都生活得光鲜亮丽、顺心如意，实际上人人的生活都支离破碎、惨不忍睹。作为旁观者，我们只能看到别人的朋友圈，而不能看到别人生活的真相。从某种意义上来说，朋友圈已经成为众人生活的表象，也成为很多人盲目崇拜的地方。如果有一天朋友圈里只能发最真实的状态，你会突然间心理平衡，意识到：原来，这个世界并不像我所想象的那么美好，我的人生也不像我所悲戚的那么不堪。所以说，不要轻易以自己的眼光去判断别人的成功，因为真正能够通过买一张彩票就发家致富的人毕竟是少数；也不要轻信别人随心所愿的人生，如果他们总是不停地炫耀，又哪里来的时间去奋力拼搏呢？

在追求梦想的过程中，每个人都会感到疲惫不堪，甚至心有余而力不足。无论最终的结果如何，都不要盲目羡慕别人的成功。即使别人的生活真的和朋友圈里表现出来的一样，你也不要只知道羡慕嫉妒恨，而是要扪心自问：他人为何能够拥有自己想要的生活，我为什么不能？人生中的绝大多数问题，最终的答案都在我们自己身上，而不在他人身上。唯有从自己身上找原因，深入发掘自身的潜力，深度弥补自身的弱点和不足，我们才能真正进步，也才能距离梦想中的生活越来越近。

还记得曾经让空荡荡的电影院座无虚席的几部经典影片吗？从《泰坦尼克号》到《阿凡达》，卡梅隆导演几乎就是票房的保证。当然，在拍摄完《泰坦尼克号》后，卡梅隆沉寂了很久，这是因为他从来不以当一位高产导演为荣，毕生都在追求自己的每部作品成为经典。在拍摄《阿凡达》之前，卡梅隆为了找到合适的男主角展开了海选。在海选现场，卡梅隆对于参选演员只有一个问题："当人生遭遇困境，你是怎样应对的？"无数演员给出了形形色色的回答，当沃新顿回答卡梅隆"火柴一旦受潮，就再也无法燃起火花"时，卡梅隆几乎不假思索拍定沃新顿当主演，而且当即和沃新顿签订了合同。

在参加海选的演员中，很多演员都大名鼎鼎、实力雄厚，为何卡梅隆会选择沃新顿这个并不出名的年轻演员呢？为此，投资方甚至公开表示反对，然而卡梅隆从来不是一个轻易改变的人，在他的坚持下，《阿凡达》很快就开始拍摄了。果然，《阿凡达》上映之后，在短短的3周时间里，就成为仅次于《泰坦尼克号》的第二大卖座片。至此，人们才恍然大悟梅卡隆为何要选定沃新顿，因为沃新顿的演技简直无人能及。沃新顿之所以有如此出色的表现，是因为他深知一盒火柴一旦受潮，就再也无法燃起火花，所以他才会始终怀着积极的心态，绝不向人生的逆境屈服，让自己成为那盒最干燥且时刻准备燃烧的火柴。

看完这个故事，脑海中不由得想起《阿凡达》这部影片，这部影片上映至今已经过了10年，但是阿凡达栩栩如生的形象依然出现在人们的眼前。一个人如果不曾饱受生活的艰辛，如何能够激发出自身全部的力量应对生活呢？朋友们，时刻让自己心中的火柴保持干燥吧，唯有如此，你们才能随时燃起火花，绚烂燃烧自己。

对于每个人而言，最大的敌人就是自己，一个人唯有控制好自身的情绪，才能主宰命运、把握人生，否则总是很容易就被情绪击垮，人生自然也会陷入被动的状态，甚至变得暗无天日。在通往梦想的道路上，从来不是一帆风顺的，面对坎坷和坑坑洼洼的道路，我们必须更加积极主动，才能战胜人生的困厄，也才能过上自己真正想要的生活。记住，只有你的勇气和果决，才能让人生所向披靡！

任何时候，以实力为自己代言

一个人如果总是自夸自大，那么最终未必会有好的结果，这是因为盲目自信的人很难真正创造出人生的辉煌和奇迹。民间有句古话，叫作一瓶子不满半瓶子晃荡，意思是说一个真正有实力的人反而不会四处炫耀自己，而有小小实力的人，则总是自以为是，盲目自信，甚至四处吹嘘自己。聪明的朋友一定知道要当真正有实力的人，以实力为自己代言，而不要总是肆意吹嘘和炫耀，反而招致他人的嘲笑。

有的人因为出身贫寒，或者家境不好，总是妄自菲薄，觉得自己哪怕再怎么努力，也无法达到富二代或官二代一出生就拥有的高度。实际上，对于富二代或官二代来说，他们也会有苦恼，甚至那些大明星也因为私生活被窥探而懊恼万分。由此可见，人生的起点并不仅仅用高低来界定，很多时候，一无所有的人生反而更能够豁得出去，也会取得莫大的成功。所以说一个人是谁并不重要，重要的是他在人生之中能达到怎样的高度，实现怎样的成就。还有人说，只有笑到最后的人才是笑得最好的人，这也告诉我们人生并非百米冲刺，而是一场马拉松，只有时间才能验证实力，也只有实力才能为自己代言。

每个人都应该有梦想，尤其是面对让人焦躁的人生，唯有梦想才能铺就人生的阶梯、指明人生的方向，也才能让人生拥有更多的可能性。如果缺少梦想的指引，人生就会因为迷惘而不知所措，甚至因为迷惘而变得毫无方向。虽然条条大路通罗马，但是选择一条更适合自己的道路，无疑是为人生助力，也能让人生事半功倍。

对于每个人生而言，盲目和迷失方向都是非常可怕的，也是让人心生恐惧的。每个人对于生命的感受和领悟能力不同，所以不同的人对于相同的事情也会有完全不同的感受和领悟。例如每个人对于疼痛的感觉就是不同的，这既与身体承受力有关，也与心理因素密切相关。从这个意义上来说，要想拥有充实、成功的人生，每个人都应该坚定人生的方向和信心，从而拼尽全力努力向上，以实力为自己代言。

当然，要想正确给自己定位，就要正确评价和衡量自己。首先要认识清楚自己的优势和劣势，其次要评定自身的能力能否适应某个方面的发展。只有在这两个方面互为促进的前提下，人生才会有更好的发展，人们也才能收获长足的进步。

安徒生从小家境贫困，小小年纪就不得不四处挣钱养家，没有机会读书学习。14岁那年，安徒生孤身一人带着很少的盘缠来到哥本哈根，正当他马上就要花光所有的钱，变得身无分文时，一位好心的歌唱家要教他唱歌，给他一条生路。

此后很长的一段时间里，安徒生都在跟随歌唱家学习唱歌，与此同时，他还努力学习语言以及芭蕾舞。后来，他用诗歌的题材创作了一部喜剧，却被戏剧院拒绝，这使他生活陷入困窘，简直无法继续生存下去。然而，安徒生的运气很好，正当他无以维生时，歌剧院院长为他提供了一个机会，让他去学校里接受教育。此后5年的时间里，安徒生一直在学校里学习，也正是在此期间他开始尝试进行文学创作。然而，他的作品依然没有受到欢迎。直到10年后，他才渐渐在文学界崭露头角，尤其是他的童话作品，更是使他找到了人生的崭新天地，千古留名。

如果不是看了这个故事，你一定不知道举世闻名的童话作家安徒生起初居然是剧作家，最早的时候学习的是歌唱和芭蕾舞。虽然安徒生百转千回的命运让人感慨，但是我们也要意识到，人生是曲径通幽的，也会面临很多改变和惊喜。记住，没有任何人生而就能在某个方面独具天赋，哪怕是那些在某个领域有特殊成就的人，也是一步一步从最简单的工作开始做起，通过不断的摸索才找到人生中擅长的领域。

也许有些朋友会说，人生太短暂了，也许还没有找到合适自己的工作就已经结束了。的确，我们不能说没有这样的可能，但是只要我们极力珍惜时间，拼尽全力去尝试，根据自身条件有的放矢地去选择，那么是金子总是会发光的，只要尽心尽力，我们总能避开人生中更多的弯路，从而以最快的速度进入自己的一片天，也成功地实现人生的梦想。记住，最关键的在于，不管什么时候，我们都要以实力为自己代言，这样才能以实力行走天下，做到满怀信心，绝不空虚。

迟早有一天，你会非常优秀

常言道，世界上最怕“认真”二字，这是因为面对认真的人，哪怕是再高的山也会被翻越，哪怕是再大的困难也最终会被征服。尤其是在梦想的指引下，人们不遗余力去做，则任何阻碍都会被踩在脚底，任何成功都会触手可及。在有了梦想之后，如果我们能够当机立断朝着梦想迈进，那么就会发现曾经让我们为难的一切，都让我们如履平地。在我们坚定不移的决定和信念面前，它们变得不堪一击。实际上，并非是那些困难和阻碍变小了，而是我们的决心变大了，把它们衬托得更小而已。除了这个绝妙之处外，变大了的决心还能悄然拉近我们与梦想之间的距离，让我们轻轻松松就能实现梦想，也让我们在追求梦想的过程中事半功倍、效率倍增。

人生总是无常的，在明天还没有真正到来之前，我们不能确定明天是会变得更好，还是变得更坏。很有可能，我们一夜之间就成名或发财，也很有可能只经过一个夜晚，我们就身败名裂，失去曾经拥有的一切。看到这里，相信很多朋友都会担忧：难道人生从此之后就会成为大海中颠簸的小舟，再也不能被人主宰和操控了吗？当然不是。这样不能确定的状态，实际上也在人们的把握之中，当人心是坚定不移的，是朝着某个方向不断努力的，那么人生就不会使人过分失望。退一万步而言，当该做的都做了，即使命运多舛，也无可抱怨、无怨无悔。

对于大多数人而言，不要因为畏惧失败而心生恐惧，更不要因为明天还没有到来，不知道明天将会如何，就连今天也放弃了。正如人们常说的，努力未必有收获，但是不努力一定毫无收获。从这个角度来说，我们真的应该相信那些心灵鸡汤所说的，只管努力，而把一切交给命运去安排，交给时光去雕琢。

还有些人自认为是在做喜欢的事情，因而更在乎过程，而不奢求结果。这样淡然的心态固然是值得提倡的，但是结果却未必真的会如愿以偿。也许在一无所有的时候，人们能够做到什么都不在乎，但是在拥有更多时，心中也便有了牵挂和在乎的东西，自然变得紧张而又恐惧，甚至不知道如何才能做到最好。实际上，从生命本源去追溯，每个人来到这个世界都是赤条条无牵无挂的。等到生命结束离开人世之时，又是一无所有。既然人注定了是生命的过客，对于身外之物生不带来、死不带去，那么还有什么必要逼迫自己想不开也放不下，得不到也求不来呢！不管在人生之中感受到什么、收获了什么，人生都是赚的，也不管是快乐还是幸福，其实都是人生最美好的滋味。

在真正展开实际行动去做一件事情时，千万不要还没有开始做就过度未雨绸缪，导致自己杞人忧天。很多事情未必会朝着你所期望的好的方向去发展，也未必会朝着你所担忧的坏的方向去发展。正如伟大的成功学大师卡耐基所说，人生中的很多忧虑其实毫无意义和价值。有心理学家专门针对忧虑展开过一项研究，他让实验对象把忧虑写在纸上交给他，等到一段时间之后，再把曾经写满忧虑的纸发给实验对象看。实验证明，只有极少数人所担忧的事情真的发生了，但是结果并不像他们想象的那么糟糕。大多数实验对象都惊喜地发现，自己担忧的事情并没有发生，这也就意味着他们曾经的忧虑都是毫无意义的，都是杞人忧天的。所以说，朋友们，人生原本短暂，每个人都理应笑着度过生命中值得珍惜的每一天，而不要总是愁眉苦脸。既然如此，我们也应该尽情地享受人生，很多事情不管你是否担忧，该来的总会来，而我们也不应该自寻烦恼。

当你放下心中的忧虑，意识到自己只要坚持不懈，而不要总是急功近利，迫切渴望达到某种结果，那么就能够做到心中释然，原本沉甸甸压在心里的压力也会悄然消失。与此相反，如果一个人的内心总是充满忧虑，导致心中充满负能量，那么也许会导致事与愿违，甚至连原本可以争取到的好结果都消失不见。记住，你只管努力，命运自有安排！当你忘记自己迫切想要收获的初心，而让努力持续下去，你的人生一定会截然不同，也会给你喜出望外的惊喜！

这个世界，从未有一蹴而就的成功

这个世界，从未有一蹴而就的成功，也没有一夜成名的奇迹。在网络和传媒如此发达的今天，我们常常觉得某个明星似乎因为出演了一部戏就一夜成名，也因此而羡慕嫉妒恨，各种情绪一拥而上，实际上，我们只看到明星的光鲜亮丽和成功表现出来的偶然性，而没有看到在成功之前，这个明星已经拼尽全力做出了巨大的努力。例如，如今娱乐圈炙手可热的两个大叔，一个是“雅痞”吴秀波，一个是“老干部”靳东。这两个人都不曾在小鲜肉的年纪大红大紫，尤其是吴秀波，在成名之前经历过很多挫折和磨难，人生也曾经坠入低谷，看似绝望。然而，他始终没有放弃，更是立志减肥，让自己改头换面。靳东虽然成名之前不像吴秀波那么惨淡，但也是默默无闻，甚至根本没有任何要出名的迹象。即便如此，他依然不温不火，默然地从事演艺事业，哪怕毫无名气，也尽心竭力诠释每一个角色。正是这样一如既往的努力和坚持，才让靳东有了今日的成就，才让他的人生如同火山喷发一样表现出喷薄的姿态。

常言道，台上一分钟，台下十年功，看到这句话，也许很多朋友会觉得夸张，然而这句夸张的话却恰到好处地替我们指明了人生的真谛。每个人生而来到这个世界上，并非是为了见证别人的成功，也不是为了在别人的成功面前忍不住垂涎，而是为了活出最真实的自己，创造独属于自己的精彩人生。也许作为普通人，我们的成功不值一提，但是界定成功的标准不是与他人比较，而是要符合我们自己对于生命的期许和预期。我们的人生既不是为了验证他人的成功才存在，也不是为了与他人比较才存在，而是为了证明我们自身的价值和存在的意义。要想做到这一点，我们就必须有梦想，用梦想为人生指明方向，也用梦想为人生奠定发展的基础，点燃希望的曙光。

对于人生，有人说人生是漫长的，长得看不到头，有人说人生是短暂的，短暂得如同霞光转瞬即逝。其实没有人能控制人生的长短，但是可以把握生命的质量，那就是尽量拓宽人生的宽度。就像一个长方形，如果长是不能改变的，要想增大长方形的面积，唯一的办法就是延长长方形的宽。让人生变得充实而有意义，绝不浪费人生的每一分、每一秒，人生就会更加精彩，也能够绚烂绽放。

有了梦想之后，有人把梦想抛之脑后，所以他们的人生与没有梦想无异，在通往人生目的地的道路上，他们也如同没头的苍蝇一样四处乱撞。有的人一旦树立了梦想，马上就会拼尽全力展开行动，以实际行动向着梦想不断迈进。也许是因为心急，他们之中不乏急功近利者，恨不得天上掉个大馅饼砸到自己的头上，或者只需要睡一觉就能获得梦寐以求的成功。殊不知，这两个美梦都不可能实现，因为灰姑娘在遇到王子之前还是家里的勤杂工整日灰头土脸呢，白雪公主在被王子拯救之前也曾吃下毒苹果，既然你既不是灰姑娘又不是白雪公主，为何要产生这样不切实际的奢望呢？人生固然有奇迹，但是每个人的奇迹都要通过努力才能创造，都要等到时机成熟的时候才能实现。在此之前，只有保持内心的平静淡然，坚持不懈地努力付出，才能彻底改变命运，扭转人生的败局，也才能创造奇迹，收获辉煌璀璨的人生！

发挥特长，才能打破常规

常规，是一种让人既爱又恨的东西，因为常规，做事情可以有章可循，也因为常规，很多固有的东西总是难以打破。人们常用墨守成规来形容人做事情一根筋，不愿意变通，的确，当思维因循守旧，想要打破思维的局限几乎太难了。然而，恰恰是陈旧迂腐的思维局限人们的思路，导致人们在做很多事情的时候无法打破常规，也因而禁锢了自身的发展，使得事情朝着违背期许的方向发展。那么，到底如何才能打破常规呢？

现代职场竞争尤其激烈，每个人生存的压力越来越大。人人都想在职场上出人头地，而如果没有特殊的技能，也没有任何特长，想要打破常规几乎是不可能的。细心的朋友会发现，其实很多公司的规矩都是给基层员工制定的。越是优秀的人才，越是不受常规的限制，因而他们总是可以打破常规，获得更宽广的发展舞台。包括在学习方面，老师也总是偏爱有特长、学习成绩优异或某个方面突出的孩子，从这个角度而言，一个人要想出类拔萃，获得特权，不受常规的限制，就一定要发挥自身所长，而不要总是浑浑噩噩，抱着蒙混过关的态度度过人生中最需要拼搏和奋斗的阶段。

也许有些朋友会说，如今教育方面提倡全面发展，的确如此。教育要全面发展，但是并非全面发展的人才都是好的，有些人想要面面兼顾，最终却碌碌无为，一生平庸。看过战争片的朋友都知道面对敌人的包围，要想突出重围，就一定要集中力量攻打敌人包围圈的薄弱之处，这样才有胜算的可能。如果把力量平均分散开，哪怕与敌人势均力敌，也会使战争陷入纠缠之中，无法获胜。同样的道理，人的时间和精力也是有限的，要想在人生之中有所成就，我们就要集中有限的时间和精力，而全力以赴发展自身的特长，让自己凭着特长出类拔萃。经典的木桶理论意思是说一只木桶哪怕非常坚固，长板很长，但是如果短板很短，那么木桶也还是无法容纳很多的水。这是因为木桶能够容纳多少水，取决于最短的那块板，而非最长的那块板。因而有人提出，要想增加木桶的容量，就要把木桶的短板变长，而不要过多关注木桶的长板。有人把木桶理论运用到人才的教育和培养上，觉得必须弥补人的短处和不足，才能让人有更好的发展。殊不知，对于弱势，哪怕人们付出很多努力，最终也只能达到正常水平，若因此耽误了发扬长处，对人的影响是很大的。所以聪明人意识到一个深刻的道理，那就是不要把目光一味地盯着人的短处，而要把时间和精力更多地用于发展人的长处，这样人才能得到长足的进步，也得到更好的发展。

毋庸置疑，金无足赤，人无完人，每个人都既有优点也有短处，既不能因为优点而沾沾自喜、自以为然，也不能因为缺点而妄自菲薄、自轻自贱。一个人哪怕再饿，也不可能一口就吃成个胖子，人生的道路哪怕再遥远，也不可能一步之遥就到达人生目的地。所以人生必须循序渐进，才能越来越接近成功。

从另一个角度而言，人生的优势并非是一成不变的。随着生命不断向前推进，随着人生持续成长，每个人对于人生的渴望越来越深，欲望也越来越多。在这种情况下，唯有不断地提升和历练自己，让自己的学识增长，让人生的经验增加，才能更好地搏击人生，也才能在人生的道路上奋勇向前，越来越接近梦想。

人们常说，有一技之长在身，走遍天下也不怕。的确如此。然而，特长也并非是与生俱来的，人在刚刚出生之时也许会表现出某个方面的天赋，但是天赋不是特长。只有把天赋发扬光大，凭着特长更好地定位自己，我们才能真正具有特长。有些人在发展特长时选错了方向，他们在原本以为是自己特长的某个领域不断进步，最终却发现自己并不真正适合那个领域。这种情况下，人就需要改变特长，重新为自己选定特长，从头开始。隔行如隔山，更何况是改变特长呢！也许改变特长对于孩子来说相对容易，但是对于成人来说却是难上艰难。如果第二特长是第一特长的延续和加深，则还好操作，如果两个特长之间八竿子也打不着，那么就相当于一切都要重新开始。即便如此，一旦发现所谓的特长并非自己真正所合适和擅长的，也要当机立断改正错误，从而使人生回到正确的轨道上。

记住，我们是要发挥特长打破常规，而不是用常规限制特长的发展。每个人面对人生都应该怀着理性的态度，尽量客观公正地评价自己，这样才能取长补短、扬长避短，也才能在某些特殊的领域让自己卓尔不凡、出类拔萃。当然，这是一个漫长而又充满艰辛的过程，有特长的人才能更加接近梦想，才更有可能实现梦想。当你真正拥有一技之长，当你以特长打破常规，相信成功早晚会降临到你的生命中，让你的人生充实璀璨！

今日的努力，决定了你未来的人生

一个偶然的机会，在网络上看到一道测试题，大概的意思是问人们：你可曾设想过自己10年后的人生是怎样的。面对这个问题，相信大多数人都会感到脑中突然一片空白，也不知道该怎样回答，这是因为他们虽然已经忙忙碌碌度过了20多年、30多年甚至四五十年的人生，但是他们从未想过自己10年之后的人生将会如何。对于这样没有预见性和前瞻性的人生，相信很多心理学家都会感到遗憾，毋庸置疑，这些人是没有梦想的，连自己10年之后的生活都未曾设想过，他们当然也不可能瞭望一生。

很多人等到人生迟暮、白发苍苍，才突然想起来自己应该规划人生，也因此而懊丧自己从未真正设想过人生。然而，人生是一场没有归途的旅程，任何人要想在人生之中无怨无悔，就要尽量提前规划人生。也许有朋友说，就算是提前规划，人生也未必能够如愿以偿地实现。的确，就算是提前规划，人生也难免虚度，但是至少有了方向的指引，人生不会变得那么难熬，也不会让人感到绝望和无望。所以趁着年轻，朋友们，马上就去规划人生吧。记得曾经有人说，没有计划的人生注定被计划掉，既然如此，相信每个人都不希望自己被人生淘汰！虽然人生何时开始都不算晚，但是人生还是应该宁早毋晚。众所周知，人生最大的资本就是年轻，只有早做规划，在发现错误和不当的时候，我们才能趁着年轻改变命运，尽量弥补。所以人生还是要趁早，尤其是奔向梦想，更要争分夺秒，片刻都不耽误。

面对关于人生的询问，大多数人都表现出迷惘，也不知道自己的人生将会如何。实际上，尽管人生是无常的，也是不能完全掌控的，但是只要我们怀着积极的态度面对人生，绝不轻易放弃人生中努力的机会，那么我们还是能够尽最大可能主宰和掌控人生，也能够让人生朝着我们期望的方向发展。毕竟，有目标比没有目标好，努力比不努力好，坚定不移实现梦想比随波逐流、茫然无措好。

每个人都有独属于自己的梦想，也许每个人的梦想不同，但是每个人在梦想道路上前行的姿态却很相似。没有人能够轻轻松松走完梦想之路，也没有人能够毫不费力就实现对人生的预期。一个人不管是否有天赋，都要最大限度激发自身的潜能，战胜一切困难勇往直前朝着人生目的地前行，才能不负此生、了无遗憾。

对于梦想，很多曾经在梦想道路上遭遇过困境的朋友都知道，最可怕的不是辛苦和艰难，也不是付出和努力，而是在拼尽全力之后，始终看不到前进的方向，也不知道人生到底去往何处、到达何地。这样迷惘的无力感，让人生因此而黯然失色，就算是再坚强的人，在这种无力感面前都会失去奋斗的勇气和坚持的毅力。所以每个人的当务之急都是跳出梦想的怪圈，摆脱梦想的大坑，让自己稳步向前。也许进步很快，也许努力了也收效甚微，但是这一切却使我们能够更从容，也更加信心坚定。所以朋友们，如果有闲暇，或者哪怕很忙碌，也要挤出时间，去设想一下10年后的生活。正所谓磨刀不误砍柴工，也许在设想和憧憬未来之后，你会发现自己曾经的郁郁寡欢全都消失了，取而代之的是一个充满生机和活力的你，也是一个勇往直前、意气风发的你。

需要注意的是，在实现梦想的过程中，千万不要因为疲惫就轻易放弃，更不要停下来休息。有的时候你误以为是休息，实际上却是彻底停顿。人生既不可能重来，也经不起一次又一次的停顿和永无休止的折腾，既然这个世界没有后悔药，那么我们要做的就是趁着年轻，背起沉重的梦想包袱，不遗余力，勇往直前！

记住，只有你自己，才能决定你10年后过怎样的生活！

第 06 章

永远别放弃，梦想需要不断地坚持

相对而言，树立梦想是简单容易的事情，但是要想实现梦想，则难上加难。一则是通往梦想的道路遥远而又漫长，充满坎坷崎岖；二则是人生不如意十之八九，哪怕再努力，也很难如愿以偿。既然如此，我们是选择上坡还是下坡呢？人生中下坡的路固然好走，却会带我们误入歧途，上坡的路尽管艰难，却会让人生拥有更多的可能性，也会让梦想得以实现。不管走哪条路，只要是人生的上坡路，只要是与梦想相关的事情，我们就必须记住，梦想需要坚持，坚持才是一切梦想得以实现的唯一途径。

梦想，需要付出汗水与泪水的代价

没有人能一蹴而就实现梦想 ，尤其是在不断奔向成功的道路上总是充满坎坷和挫折，梦想也就成为更加遥不可及的未来。有人说梦想是人生的引航灯，有人说梦想是希望之光，实际上梦想更像是人们辛辛苦苦，以心血和汗水浇灌的花朵，不管何时，每个人都要时刻牢记自己的使命，不要因为一时的松懈和懈怠，就彻底遗弃了梦想。

也许有些朋友会抱怨，觉得想要实现梦想简直太难，有的时候甚至付出了很多，却毫无收获。实际上这正是人生的常态，那就是理想是丰满的，现实是骨感的，很多情况下成功是人生的奇迹，是偶尔出现的，而失败则是人生的常态，是经常伴随人生的。对于梦想当然也是如此，没有任何人能够一蹴而就实现梦想，不管这个人是富二代、官二代，或是普通人。有人说命运对每个人都是公平的，其实梦想对每个人也是公平的。人生之中，当看到别人的梦想之花绚烂绽放，你是否也曾想到，你的梦想之花同样可以绽放？当然，前提是你要倾注心血浇灌梦想之花，才能让梦想照进现实、创造奇迹。

常言道，人生不如意十之八九，在通往梦想的道路上，总有很多人遭遇坎坷挫折，甚至承受致命的打击。然而，归根结底，对于人生的失意，起决定作用的并非外界存在的一切，而是人的心态。心态从容的人面对人生的失意，总是坦然，也能做到兵来将挡、水来土掩；心态浮躁的人，哪怕在人生中遭遇小小的失败，也会颓废沮丧，甚至完全忘却初心。由此可见，每个人要想成功，要想实现梦想，最重要的就是调整好心态，从而在人生道路上稳步向前。

古今中外，哪一个成功人士在光鲜亮丽的成功背后，不曾付出汗水和泪水呢？大多数人只看到他们的成功，却没有看到他们在成功背后一直以来的努力和付出。还有很多人对他们充满羡慕妒忌恨的复杂情绪，却唯独不曾钦佩他们。这个世界，任何成功都是值得钦佩的，哪怕是小小的成功，也蕴含着人们几乎所有的心血和努力。从这个角度而言，一个人尽可以愚钝，但是却不能不勤奋。勤能补拙是良训，一分辛苦一分才，更是告诉我们勤奋之于人生的重要意义。

还有些朋友始终有一个担心，那就是害怕自己在付出所有之后，无法如愿以偿得到回报。实际上，这样的担心是没有必要的，也是毫无意义的。正如人们常说的，努力了未必会有回报，但是如果不努力，则一定会毫无收获。因而在努力之前，每个人都要摆正心态，对于努力的结果切勿急功近利，这样才能怀着积极的心态对待努力的任何结果。退一万步而言，就算努力之后没有得到积极的结果，但是如果不努力，又能如何呢？至少努力了还有希望，还有成功的可能性。

老辈人常说，力气是用不完的，既然如此，何不趁着年轻的时候多付出一些，也彻底改变人生和命运呢？人的一生，如果不曾努力和奋斗，那么肯定会非常遗憾，甚至无法摆脱自责。唯有不断努力，持续付出，哪怕失败了也无怨无悔，即使不能如愿以偿拥有自己想要的生活，也可以收获经验和阅历。从本质上而言，人生就是一场没有归途的旅程，重要的不是火急火燎赶往目的地，而是在旅途过程中欣赏沿途的美景，也怀着愉悦的心情创造人生的奇迹。记住，在这个世界上，只有你自己才能决定你的前途和命运，也只有你的汗水和泪水，才能浇灌梦想开出绚烂美丽的花。

不放弃，就有机会获得成功

每个人都是这个世界上独一无二的生命个体，每个人都有自己的梦想和理想。同样的道路，在通往梦想的道路上，每个人也有自己独特的奋斗方式。总而言之，人生从来不是一蹴而就的，除非父母把成功拱手相送给孩子，除此之外没有任何可能不劳而获。从本质上来说，父母拱手相送的成功并不是真正的成功，也不是真正属于孩子的人生成果。所以面对成功之路，每个人都要做好心理准备，也要下定决心拼尽全力，才能在人生的道路上越走越远，也才能更接近成功。

每一条通往成功的道路都充满坎坷，唯有不放弃，才能最终走完这条艰难之路，距离成功越来越近。对于每个人生而言，只有放弃才是彻底的失败，才是不能逃脱的人生绝境。喜欢看好莱坞大片的朋友都知道，那些铮铮铁骨的硬汉，都是不奋斗到最后一刻绝不放弃的，他们身上完美体现出生命不息、奋斗不止的精神与气质。每当到了关键时刻，在导演的安排下，他们几乎拼尽全力，以生命在搏斗。所谓功夫不负有心人，最终他们也的确获得了成功。每当此时，不管是演员还是观众，都觉得欢欣雀跃，觉得人生瞬间充满了希望，更能感受到内心澎湃的激情。总而言之，人生的道路原本就是漫长而又艰难的，每个人唯有更加积极主动地面对人生，从容坦然地把握人生，才能真正主宰人生，实现人生的璀璨与辉煌。

很久以前，有位将军奉命领军攻打敌人占领的一块高地。对于这块高地，指挥部势在必得，因而给将军下了死命令，要求将军必须在天黑之前拿下，否则就会影响战局。将军也深知这块高地的重要性，因而带领全体将士一鼓作气，奋不顾身地往前冲。然而，将军进行了9次冲锋，都发现敌人负隅顽抗，绝不投降。在最后一次冲锋之后，将军失去了所有的士兵，自己也身负重伤。眼看着夜幕降临，将军深感内心绝望，看着远处高地上敌人高高飘扬的旗帜，感受着身体上剧烈的疼痛，万念俱灰，用仅剩的一颗子弹自杀了。

后来，援军到来，看到将军饮弹自杀，不由得群情激愤，当即发起最后一轮攻击，誓要与敌人拼个你死我活。然而，等到全体将士冲到敌人的高地上之后，才发现高地上的敌人已经死光了，只剩下一个伙夫绝望地抱着旗杆，整个人都傻掉了。

在这个事例中，伙夫并不是坚持到最后的那个人，因为他很有可能被战争吓傻了，所以才不知所措地抱着旗杆待在那里。将军却轻易放弃了冲锋，既被敌人始终飘扬的旗帜吓倒，也被自己受伤的身体拖累，最终选择了结束生命，一死百了。毫无疑问，将军也许曾因战功赫赫才能当上将军，但是在这场战役中，他却输给了自己，输给了内心的胆怯和不够坚持。

不仅是在战场上，哪怕是在日常生活中，我们也同样需要坚定意志，才能战胜自己、奋勇直前。从本质上而言，很多时候，我们并非在与命运斗争，也不是在与外界博弈，而是在与自己的内心较量。唯有真正战胜自己的内心，以力量注入心灵，让自己变得强大，我们才能更加从容果决，才能在人生中拥有胜算，创造精彩与辉煌。记住，不管情况多么恶劣，也不管现实多么糟糕，都不要放弃。当你发自内心放弃了，你就彻底失败了，再也没有获胜的可能。唯有在逆境中坚持下来，绝不放弃，你才能创造生命的奇迹，也才能给予人生更多成功的可能性。其实，打开成功大门的钥匙就掌握在你自己手中，只要你足够坚持，绝不放弃，你就能在人生中收获更多，获得长足的进步。

你待梦想如初恋，梦想才会给你美好

曾几何时，你们为了梦想而激动不安、满怀热情，但是梦想却从未让你们如愿以偿。渐渐地，在现实的残酷中，你们失去了人生的激情，忘却了梦想，也因此而看轻了人生。当看到别人实现了梦想，人生变得辉煌灿烂，你们又未免羡慕嫉妒恨，也因此而陷入无限的感慨之中，甚至抱怨梦想抛弃了自己。实际上，并非是梦想抛弃了你，而是你忘却了梦想，所以你与梦想才会渐行渐远，最终成为陌路。

细心的朋友会发现，古往今来，能够在人生中获得成功且实现梦想的人，大多数都是能够牢记梦想、不忘初心的人。不管人生如何变迁，也不管在通往梦想的道路上遭遇多少坎坷挫折，他们始终都能牢记梦想，也在心中描画和憧憬未来。从某种意义上来说，他们对待梦想就像对待初恋一样纯真如初，绝不懈怠，也不放弃。所谓人生的幸福，大概就是如此吧。

当有一天回忆起初恋，你的眼角眉梢是挂着幸福甜蜜，还是满怀忧伤苦惧呢？如果你拥有幸福的此刻，那么你对曾经的初恋也会满怀宽容。如果你如今生活得很不如意，那么你就会感到悲伤，甚至抱怨曾经伤害自己的人，抱怨生活的不如意。殊不知，人生就是不断奋斗向前的过程，唯有从过去的悲伤中脱身，也让自己最大限度获得成功，才能无怨无悔。对于梦想，我们也应该怀着同样的态度，没有人能够一蹴而就获得成功，也没有人能够轻而易举实现梦想。与其为了梦想不断地承受失意，不如最大限度打开梦想之门，也为人生创造奇迹。

需要注意的是，坚持的道路是很漫长的，一时的成功和失败都不代表最终的结局，唯有怀着坚定不移的心，在失败的道路上坚持前行，人生才能更从容，也才能坚定不移。尤其是对于梦想，大多数人的梦想都很远大，很难在短时间内实现。长久的坚持却没有得到回报，人们就很容易疲惫。每当这时，最好的办法是想一想自己是如何对待初恋的，是怀着怎样的勇气和执着的毅力坚持追求初恋的。一旦想到这一点，你就会知道自己到底应该怎么做，才能收获美好的未来。当然，有些人很容易胆怯，哪怕是面对爱情，也总是轻易畏缩，不能勇敢追求。对于这样的朋友，更需要先坚定自己对于爱情的信念。或者换一个角度来看，如果对于美食很执着，也可以以对待美食的热爱和绝不妥协的心对待梦想。总而言之，不管你把梦想当成什么，都要坚定不移，绝不放弃。

有些朋友之所以放弃梦想，正如前文所说，是因为觉得实现梦想遥遥无期。其实，有一个好办法可以有效改善这样的状况，那就是当梦想过于远大时，不如调整好心态，认识到梦想是人生的指引，理应远大。而要想让自己在实现梦想的过程中得到激励，收获成就感，最好的办法就是在树立梦想之后，把人生的远大目标进行划分，把大目标分解成一个个小目标，这样在努力实现一个又一个小目标之后，自然能够获得成就感，找回成功的感觉。一个一个小目标，就像是一级一级台阶，不断地拾级而上，人生最终能够达到巅峰，创造奇迹。

对于每个人而言，拥有梦想无疑是最美妙的事情。如果能够像对待初恋一样不离不弃地对待梦想，那么我们就会爱上梦想，也会在不断的坚持中收获梦想。要知道，坚持恰恰是人生的意义所在，坚持带给我们的收获，远远比坚持本身更有意义。朋友们，如果你们曾经忘记梦想，不如就从此刻开始找回梦想，也最大限度地成就梦想吧！有的时候，梦想甚至是人生的全部，能够帮助我们创造生命的奇迹，在生命之中收获更多、拥有更多，也实现更多。

任何坚持都比放弃更好

人有很多劣根性，喜新厌旧和幸灾乐祸即是人的劣根性之一。在人生中，喜新厌旧的表现就是，有志者立志常，无知者常立志。一个人在树立梦想之后，总是轻而易举就放弃梦想，等到心血来潮之际，情不自禁再次树立梦想。正是在这样一次又一次树立梦想的过程中，人生变得越来越空虚，宝贵的青春时光也悄然流逝。幸灾乐祸也是人的劣根性之一，当看到他人付出了很多努力，最终却毫无收获，被梦想拍死在沙滩上，总有些胸无大志的人因此感到庆幸：幸亏我对于人生没有过多的奢望，能够踏踏实实生活，而不是追求梦想，最终毫无收获。殊不知，在你嘲笑别人的同时却丝毫没有想到，别人也许追求梦想而不得，但是你的一生却连梦想是什么样的都不知道，也因为对梦想的倦怠，你的人生变得更乏味，毫无意义，这样的人生又有什么必要存在呢？

人生并非应该数十年如一日或者岁月静好地度过，每个人在人生之中都会有各种各样的追求，而最大的人生追求莫过于实现梦想。作为梦想的拥有者和执行人，我们一定要记住，任何情况下，坚持都比放弃更好。哪怕坚持毫无所获，我们也会得到经验，让人生因为丰富的阅历和历练而变得更美好。这就是坚持梦想最大的意义，和这个意义相比，坚持的结果反而显得没那么重要了。

随着时代的发展，现代社会中很多年轻人眼高手低，缺乏坚持的精神。他们从走出大学校园开始，就梦想着能够一蹴而就，找到让自己满意的工作，从此之后拿着高薪，过着一世无忧的生活，却不知道人生从来没有免费的午餐，更没有天上掉馅饼的好事。每个人要想在人生之中获得成功，就必须非常勤奋努力，而且要拼尽全力坚持下去。唯有如此，才能创造人生的奇迹，才能在坚守之后见到希望之光，才能在人生之中拥有更多，也收获更多。否则，对于工作只是当一天和尚撞一天钟蒙混过关的态度，面对人生的小小困境也总是轻而易举就放弃，又如何奢求实现梦想呢！

人生中的每一天都是相互影响的，很多情绪还具有传染性。例如，一个人如果清晨起床就像打了鸡血一样精神抖擞，那么在一整天里他都会意气风发。如果一个人从早晨起床就愁眉苦脸，不知道该做什么，那么他一整天都会觉得迷迷糊糊，甚至完全不知道怎样才能调整好状态，让自己努力奔向成功。所以哪怕只是独处，我们也要对着镜子里的自己笑一笑，也要大声告诉自己“你是最棒的”，这不是形式主义，而是帮助自己勇敢坚持下去的好方法，也是让人生卓尔不凡的最佳途径。

朋友们，当你们对于梦想感到动摇，而对人生又陷入困惑时，一定要当机立断坚持下去。记住，哪怕是一分一秒的放弃也是不可取的，因为人生苦短，如同白驹过隙，经不起任何放弃和折腾。每个人要想拥有充实精彩的人生，就要争分夺秒地努力，发掘出自身最大的潜力，才能在人生之中勇往直前、奋发向上、创造奇迹。

熬过今天和明天，未来会很美好

人生看似漫长，其实只有三天，那就是昨天、今天和明天。面对人生的困厄，我们唯有看清人生的本质，知道人生就是不断地奋发向上，就是采取积极的态度面对一切艰难，就是忘记昨天、把握今天、憧憬明天，才能真正操控和把握人生，才能在人生的困境中崛起，保持积极的进步态势。

如今，很多年轻人对于人生都有着不切实际的渴望，他们眼高手低、好高骛远，总是觉得今天是残酷的，昨天是遗憾的，明天将会是更残酷的，因而渐渐对人生失去希望，变得颓废沮丧。从本质上而言，人生不如意十之八九，失败是人生的常态，只有少数人运气特别好，才能在人生之中寻找到生命的真相。作为普通人，我们要做的就是勇敢和坚持，熬过人生的困厄，才能在面对人生的一切艰难时绝不畏缩和逃避。

试问，有谁的人生是顺遂如意，从来艰难的吗？可以说，这个世界上根本没有一帆风顺的人生，不管你是出身于高官贵族，还是出身于平民百姓，都要在人生之中发愤努力，才有可能获得自己梦寐以求的一切。否则，当你因为人生中小小的挫折就否定了今天，那么你还如何把握人生呢？在人生的三天之中，昨天不管好坏都已过去，今天才是每个人能够掌控的，至于明天还远远没有到来，而且明天将会如何，很大程度上取决于我们今天的努力。从这个角度来说，每个人在一生之中真正能够把握的只有今天，为了争分夺秒过好每一个今天，既不要因为已经过去的昨天而感到无限懊恼，也不要为尚未到来的明天而杞人忧天。对于每个人来说，当务之急就是做好今天的一切，这样才能在未来拥有充实的、无怨无悔的昨天，也才能拥有成功的、值得期许的明天。

在风风雨雨的人生路上，也许一时的艰难跋涉很容易，甚至翻山越岭也不可怕，真正让人感到艰难的是坚持。因为人生总是既有成功也有失败，既有坎坷也有顺遂。每个人唯有坚持理想的最高状态，朝着伟大的目标坚定不移地走下去，才能无怨无悔、成就未来。

2001年初春，纳斯达克指数下降，一夜之间，全球的互联网行业陷入寒冬时节，很多从事互联网行业的人才遭遇失业的窘境。在这样的窘迫情况下，阿里巴巴不得不马上收缩海外规模，并且把总部从繁华的上海搬迁到杭州，从此之后立足本土，脚踏实地地谋求发展。

互联网泡沫的破裂，让马云突然意识到要想顺利渡过危机，就要立刻停止烧钱行动，立足国内、立足根本。直到如今回忆起当年的情形，马云还心有余悸。他很清楚，如果不是当机立断辞退海外的工程师，做出一系列举措，也许公司只能勉强维持半年。然而马云更清楚的是，和困境相比，员工更难渡过由此带来的巨大心理冲击。为此，马云开展了一系列整风运动，只为了帮助员工调整好心态，携手共渡难关。马云始终没有忘记自己的梦想，也一直在艰难跋涉、勇敢坚持。无数的企业在发展的道路上，因为不能做到高于昨天、憧憬明天和把握今天，最终结束了发展，马云作为众多失败者之中的佼佼者，却取得了今日的成就，不得不说这与马云的高瞻远瞩是分不开的，所谓不忘初心，方得始终，在马云身上得到了很好的验证。

作为刚刚毕业的大学生，一味担忧丝毫没有意义，与其把宝贵的时间用于担忧，不如多多花费功夫来开解自己，从而让自己端正心态，积极主动面对人生。很多应届大学毕业生找工作的时候总是盯着所谓的薪资，却不能把目光放得更长远。金钱固然重要，也是生存的根本，但是金钱却并非工作的唯一目的。尤其是对于一人吃饱、全家不饿的年轻人来说，更是应该高瞻远瞩，关注工作给自己带来的学习和提升，更在乎平台和晋升的空间，而不应一味地盯着薪资。

很多年轻人面对严峻的就业形势和现实状况，总是感慨万千地说“理想很丰满，现实很骨感”，实际上，拥有怎样的人生并非完全取决于运气，而是更大程度上取决于年轻人努力的程度。成功原本就是一个小概率事件，想要拥有璀璨辉煌的人生更是可遇而不可求的。任何情况下，我们都要坚定从容，对待人生不遗余力地付出，才能让自己坚持到最后一刻，获得人生更多的可能性，也让人生得以成长和成熟。

曾经有一位名人说，一个人是平庸还是强大，取决于他能否再多坚持一分钟。的确，成功往往就在人生的转角处，如果轻而易举就放弃了，很有可能就会错失成功的好机会，将来追悔莫及。为了让人生无怨无悔，也为了最大限度充实人生，我们必须打起十二分的精神，从昨天吸取经验和教训，立足今天，憧憬明天，这样才能迎来人生的坦途。

第 07 章

全身心地投入，你的梦想需要你的专注

如果你了解过潜水艇，你一定会为这个水下庞然大物巨大的力量所震惊。那么沉重的铁家伙，在深海里却宛若蛟龙，随着发动机的轰鸣声，时而浮出海面，时而潜入海底，尽管巨大，却绝不笨重。仔细想想，研制出潜水艇的人简直太伟大了。实际上，人生也要如同潜水艇，在必要的时候潜入深海，在合适的时机浮出水面，所谓静若处子、动如狡兔，这样人生才能从容大气。

人生短暂，你只能专注一件事

很多人觉得人生是漫长的，长得一眼望不到头，越是在艰难的时刻，时光的每一分、每一秒都似乎停滞了，不能努力向前。换一个角度来看，人生也是短暂的，短得如同白驹过隙，短得一生只能爱一个人，做好一件事情。那么，人生到底是长还是短呢？有人说人生漫长，有人说人生短暂，我们到底该相信谁呢？谁也不要相信，因为人生是短暂还是漫长并不取决于他人的人生感受，而取决于你的人生感受。细心的朋友会发现，在无所事事、百无聊赖的时候，人生总是漫长的，分分秒秒都很难熬，而在有事情可做、有目标可循的情况下，人生又变得短暂，似乎分分秒秒都值得珍惜。由此可见，人对于时间的感知并非像时钟那样精确，而在相当程度上取决于心态。

归根结底，人生是短暂的，正如那首歌里所唱的，不知不觉间时间就悄然流逝，一去不返，短暂的人生或过半，或已经入土，转眼之间，青春只待可追忆。从这个角度来说，人生又是转瞬即逝的，眨眼之间，满头青丝就已经变成白发苍苍，少年就已经成为迟暮老人。古诗有云，“劝君惜取少年时”，原来并非耸人听闻，而是非常有道理的人生忠告。

在台湾地区，有个卖茶叶蛋的阿婆非常有名，还与马英九合影留念呢！这个阿婆在日月潭边卖茶叶蛋，从18岁时被人称为“卖茶叶蛋的靓妹”，到如今每一位见到她的人都毕恭毕敬称呼她为“卖茶叶蛋的阿婆”，她的人生在茶叶蛋的轮回中，走到了84岁的高龄。似乎就在转眼之间，她已经在日月潭边卖了60多年的茶叶蛋，她也从满头青丝，变成了满头银发。不仅马英九和她合影，就连中央电视台也曾专门去采访她。每一位去台湾游玩的游客，都会专程去吃阿婆的茶叶蛋，据说阿婆卖茶叶蛋这几十年真正实现了发家致富，不但盖起了楼房，而且还购买了游艇。随着名气越来越大，还有很多企业来找阿婆当形象代言人呢！从阿婆的人生经历中不难发现，一个人的一生不需要把每件事情都做得面面俱到，只要拼尽全力做好一件事情，就能出类拔萃、出人头地。

“卖茶叶蛋的阿婆”之所以能够把最简单朴素的卖茶叶蛋工作做到极致，就是因为她数十年如一日，每天风雨无阻坚持卖茶叶蛋。正因为如此，她才能名声大噪，成为远近闻名的“卖茶叶蛋的阿婆”。当然，之所以每一位游客都要不惜路远迢迢去吃茶叶蛋，也是因为阿婆的茶叶蛋的确煮得很好吃。阿婆在煮茶叶蛋的过程中找到技巧，即只有有裂纹的茶叶蛋，煮的时候才能入味，也才能美味。人生又何尝不像阿婆煮茶叶蛋呢，需要一生的坚持，用心去守候，才能有最长情的告白。

很多朋友都因为人生短暂，不能做很多事情而苦恼。殊不知，并非是人生短暂，而是一个人面对人生过于贪婪，总是想把每件事情都做到最好。当欲望如同无底深渊把人生困住，就会犹如困兽，根本不可能有好的发展，也找不到出路。所以面对人生和梦想，我们一定要更加坚定从容，把人生变得简单纯粹，才能集中所有的时间和精力做好某件事情。只过百分之一的生活，看起来是消极的人生态度，实际上是最积极的人生姿态。尤其是当面对梦想时，我们更要戒骄戒躁，调整好心态，才能切实迈出实现梦想的第一步。记住，不管外界的情况如何，路始终在你的脚下。只有一步一步脚踏实地地朝前走，人生才能稳步向前，也才能绝不懈怠，始终保持活力与热情，让人生更充满希望与力量。

即使霓虹闪烁，也要耐得住寂寞

正如前文所说，人生就如潜水艇，有的时候是需要不断下潜，才能养精蓄锐、积聚力量的。也许有些朋友会感到困惑：人生不就是尽量去往高处吗？的确，人往高处走，水往低处流，这是本性使然，但却不适用于任何情况。人生总有例外，在奋斗的过程中，我们自然要坚持不懈地攀登，才能达到人生的顶峰，但是在人生遭遇困厄的时候，与其和人生别扭着较劲，不如顺势而为，让自己沉潜下来，也借此机会提升和完善自己，这岂不是一举两得吗？等到逆境过去，我们也积蓄好力量，这样人生必然如同蛟龙出水，给自己一份大惊喜，也给他人一份震惊。

古今中外，很多伟大的成功人士都并非生而就有好运气，也未必出身于有背景的家庭。相反，他们之中很多人都出身贫寒，甚至饱尝命运的艰辛和坎坷。那么，他们为什么能成功呢？甚至在没有天时、地利、人和的情况下，他们也能够逆势而动、扭转命运。究其原因，是因为他们能够经得起磨难、耐得住寂寞，所以哪怕遭遇人生低谷，也能将其转化为人生的契机，实现人生的大逆转。真正的人生强者，都有这样开阔的胸襟，也有这样坚韧不拔、顽强不屈的精神。有人说，通往梦想的道路注定是孤独的，那么每一个追梦人只有能够承受孤独、忍受孤独，才能艰难跋涉过梦想之路，也成就人生的辉煌。正如一首歌里唱的，外面的世界很精彩，然而明智者一定知道，外面的世界也很无奈。面对精彩与无奈并存的世界，面对快乐与痛苦纠缠的人生，究竟该怎样面对，实际上取决于每个人的心态。所谓心若改变，世界也随之改变，唯有怀着积极乐观的心态面对人生，人生才会豁然开朗、别有洞天。

如今，时代几乎在以突飞猛进的速度向前发展，人心也越来越浮躁。尤其是在繁华的大都市，面对灯红酒绿，眼睛都被闪烁的霓虹灯闪花了，如何能够静下心来保持初心呢？每个人都有这样的困惑，然而事实告诉我们，越是外界繁花似锦，我们就越是要坚守内心。常言道，不忘初心，方得始终。如果一个人忘却了初心，又如何能如愿以偿得到想要的人生呢？所以面对纷纷扰扰的外界，我们一定要坚守初心，淡然面对人生。

中国的电影史上有很多经典之作，如《断背山》《少年派的奇幻漂流》，都是能让人过目不忘、给人深思的好电影。看过这两部电影的人一定知道，导演李安正是凭借这两部电影，两次获得奥斯卡金像奖最佳导演奖。对于每一个导演而言，这可是至高无上的荣誉，是对自己导演生涯的最大认可与赞许。在亚洲，李安是第一位获得奥斯卡金像奖最佳导演奖的导演，他不但是中国的荣誉，也是整个亚洲的荣誉。看到这里，相信很多朋友都会感慨李安的才华，但是却很少有人知道，李安在大学毕业后因为郁郁不得志，在整整6年的时间里待在家里，成为不折不扣的“家庭煮夫”，负责洗衣做饭带孩子。

那么，李安是如何成为大导演的呢？在这6年的时间里，他如同潜龙入水，让自己深入海底，绝不浮躁。他尽心尽力当好妻子的“贤内助”，因为妻子仅凭一己之力要支撑起整个家庭的生活。与此同时，他也未曾有过一刻忘记自己的理想和志向。在做好家务的同时，他每天坚持看电影，研究电影资料，不断地丰富和充实自己的内心，也不断地沉淀和淬炼自己的人生。对于很多人而言，6年意味着什么？意味着从大学刚毕业时的毛头小伙子进入而立之年，意味着错过了人生中最美好、理应奠定基础的青春年华，意味着斗志全无、意念消沉。然而，对于李安来说，尽管远离了喧嚣和繁华，他的心却没有一刻沉寂。所以他6年磨一剑，带着自己独立执导的电影出现在人们的视野中。从此之后，他的人生一发而不可收拾，拍摄了很多优秀的作品，也成为亚洲首位获得奥斯卡金像奖最佳导演奖的导演。

一个人如果内心没有坚定不移的方向，是根本不可能耐得住人生寂寞的。只是因为有人生目标的指引，他们才能不忘初心，才能拼尽全力向着梦想所在的地方前进。对于成功，人人都充满渴求，然而真正能够获得成功的人却少之又少，这是因为大多数人都耐不住寂寞，也经不起繁华。

于丹曾经说过，每一位冠军都能远远领先于掌声。这句话也告诉我们，不要总是活在他人的眼光里，不要总是因为他人的随意评价就否定了自己。每个人唯有坚定不移朝着梦想所在的地方砥砺前行，才能在人生中有所成就、开拓创新，也才能如愿以偿收获人生、成就人生。等到走过人生最艰难的时刻再回头来看，你会发现恰恰是那段暗沉深海的日子给你别样的感悟和体验，也让你的人生积蓄力量，收获璀璨辉煌。

拥有匠人精神，让人生更完美

什么叫匠人精神？所谓匠人精神，是一种职业精神，不但涵盖职业道德、职业能力，还包括职业品质。拥有匠人精神的从业者，不但有正确的职业价值取向，而且有明确的职业行为表现，也可以说拥有匠人精神的从业者是身心合一的从业者，是精神和行为高度统一的从业者，他们不但能对别人负责，对自己也非常负责。举个最简单的例子，拥有匠人精神的人如果不能把工作完成得尽善尽美，不是过不了别人的关，而是首先过不了自己这一关。由此可见，匠人精神实际上与高度自律力也是密切相关的。只有拥有自律的匠人，才能形成匠人精神，才能在即使缺乏外界约束的情况下，把每一项小小的工作做到尽善尽美。

肯德基和麦当劳是拥有匠人精神的，所以它们才能以相同的配方把不起眼的汉堡在世界各地大卖特卖。百事可乐和可口可乐是具有匠人精神的，所以它们才能把一瓶汽水卖到世界各地，赢得无数人的喜爱。由此可见，匠人精神对于一个人能否获得成功，一件事情能够真正成功，有着至关重要的影响。从本质上而言，匠人精神与我们平日里所说的极致有着异曲同工之妙，有着匠人精神的人要么不做事，一旦做事，就要把事情做到最好，做得无可替代。

很多人都习惯使用百度作为搜索工具，而百度之所以成为搜索引擎的龙头老大，是因为它做得精，而且做得很到位。作为百度的掌门人，李彦宏就是一个具有匠人精神的人。每当召开工作会议时，他总是问下属："我们的产品与市场上的同类产品相比如何？是否比它们更领先呢？"其实，李彦宏的本意是向下属求证他们是否已经把事情做到最好，是否研制出遥遥领先于市场的高端产品，是否让一切都无可挑剔。

当然，李彦宏从来不是一个严于待人、宽于对己的人。他总是以身作则，既严格地要求他人，也更严格地要求自己。当互联网行业遭遇困境的时候，很多网络公司都在寻找新的出路，解决困境，百度也同样步履维艰。面对这样的困境，李彦宏没有放弃，也没有轻易改变，而是理智思考去路和改革的方向。他痛定思痛，确信自己必须带领百度继续走下去，因而在给员工召开会议时说："我们必须做出最好的中文搜索引擎，这样才能活下去，也才能走得更长远。"正是在这次会议之后，李彦宏带领百度全体员工携手并进，经历了9个月的痛苦转变，最终转型成功，成为中文搜索引擎行业的老大。从此之后，李彦宏更是肩负起搜索引擎领导者的众任，带领百度稳步向前，成就非凡。

这个世界上既没有绝对完美的人，也没有百分之百完美的事情，如果一定要追求完美，那么一定是求之而不得的。然而，我们并不能因此就放弃对完美的追求，因为追求完美是一种人生态度，也可以发展成为人处世的风格。有心理学家经过研究发现，人与人之间的先天条件其实相差无几，之所以在后天的发展中迥异，就是因为有人认真，有人随意。从这个角度来说，人与人之间其实只差“认真”二字，也正如人们常说的，世上的事就怕认真。所以朋友们，尽管完美并不真正存在，但是无限趋近完美却是可以实现的。不管做人还是做事，都不能敷衍了事，而要竭尽所能认真把事情做得更好。

生活中，还有些人妄自菲薄，总觉得自己不是了不起的大人物，因而对自己各个方面的要求就降低标准。其实，一个人如果想要成为大人物，获得成功，就要按照大人物或成功者的标准要求自己，这样才能在无形中提升自己，也让自己变得完美。所以朋友们，从现在开始，就培养自己的匠人精神，让自己无限接近成功吧！记住，当你把每一件事情都做到最好，你距离成功也就越来越近了。成功始于脚下，成功也始于当下。

每天早起一小时，给人生惊喜

在心理学上，有个著名的一万小时定律，意思是说假如一个人喜欢做某件事情，每天都能够抽出一定的时间做这件事，那么日久天长、逐渐积累，他在特定的领域就会有杰出的贡献。有心理学家为了验证一万小时定律的效果，特意让自己的三个女儿学习围棋。最终，他的三个女儿在10年之后都成为行业内的翘楚。

最关键的在于，他的三个女儿此前并不是很喜欢围棋，只是努力去练习，就取得了很好的成就。由此可见，要想在人生中有所收获，就一定要坚持付出。水滴石穿，绳锯木断，正是坚持不懈的伟大力量。对于人生的梦想，必须端正态度、严肃认真、绝不懈怠。

每天早起一小时，人生真的会有惊喜的改变吗？举个简单的例子，如果一个人喜欢文字，但是文字并不是他的本职工作，那么每天早起一小时，就可以写一些小文章，笔耕不辍，最终在文字的运用方面一定会有极大的进步和良好的发展。此外，如果大学生每天早起一小时，坚持跑步、记忆英语单词、诵读英语，时间久了，定能够给人生惊喜。

现实生活中，有太多的人急功近利，因而他们面对生活总是以急迫的姿态，恨不得第一时间就收获人生。殊不知，生命原本就应该是顺其自然的过程，每个人从人生一开始，就要怀着宁静淡然的心态。如果总是心浮气躁，很容易事与愿违，也会使事情变得更加糟糕。所以朋友们，一定要戒骄戒躁，不要因为生命短暂、时光仓促，就缺乏耐心去静静等待春暖花开。如今，社会发展越来越快，生活压力越来越大，很多父母望子成龙，望女成凤、总是对孩子寄予过多过高的期望。为了不输在起跑线上，孩子失去了原本应该快乐无忧的童年，甚至小小年纪就背负起人生的沉重和无奈。不得不说，父母这么做是非常自私的，与其把所有的梦想都寄托在孩子身上，不如努力提升和完善自己，给孩子树立好的榜样。所谓身教大于言传，父母对孩子的言传身教，甚至比学校教育更加重要。从这个角度而言，如果父母能每天早起一小时，做自己喜欢的事情，为了实现梦想而不懈努力，那么孩子一定会受到积极的影响，也会更加坚定从容地奔向人生的伟大目标。

很多人整日应付忙碌的生活和紧张的工作，必然压力巨大、心力交瘁。然而，人生从来无法如愿以偿，总是有很多小小的瑕疵和不能让人如意的地方。在这种情况下，与其一味地为了生活而奔波忙碌远离梦想，不如最大限度发挥自身的潜能，也学会整合和利用零散的时间，创造生命的奇迹。

朋友们，如果你们对于人生的现状不满意，也对于人生的未来感到迷惘，记住，最重要的不是怨天尤人，也不是杞人忧天，而是从现在开始就努力奋斗，给予人生更多的可能性，让人生更加从容坚定。也许只需要每天多付出一小时，你就能彻底扭转命运，甚至给予自己期望，让自己有资格拥有美好的未来。不管生活多么忙碌，也不管生命多么紧张局促，我们都要坚定从容，也要拼尽全力挤出属于自己的一小时。也许有很多朋友迫于生活的压力，不得不从事自己并不那么喜欢的工作。这种情况下，一小时完全属于自己的自由，必然能让你更加接近自己的内心，也许还会倾听到心灵深处花开的声音呢！

心理学家经过研究证实，人与人之间的命运之所以迥然不同，有的人成功，有的人失败，并非因为成功者有着多么高的天赋，也不是因为失败者在很多方面都不如成功者，只是因为他们对于时间的把握截然不同。例如成功者从来不以“没有时间”为借口搪塞人生、敷衍自己，而失败者面对自己不那么想做的事情，张口就说“没有时间”，看起来他们是把事情搪塞过去了，实际上这是对自己不负责任的表现，也是人生失败的直接原因。正如大文豪鲁迅先生所说，时间就像海绵里的水，挤一挤总还是有的。同样的道理，对待生命，只有态度积极的人才能把握生命的脉搏，一旦想要在生活中掺假，一定会得到命运残酷的回报。所以朋友们，从现在开始，努力面对人生吧，唯有坚定不移、勇往直前，才能在人生中如履平地，才能在生命中最艰难的时刻也微笑以对。当然，这一切的前提是必须学会利用时间，哪怕每天早起一小时，也要在紧张忙碌的生命中拥有完全可以自己支配和使用的时间。

努力奋斗，才能实现梦想

人生中最痛苦的事情，莫过于求之而不得，莫过于想要追求什么，却距离什么越来越远。每当面对这种情况，人们总是困惑地说“我明明已经非常努力地去争取了，为何还是不能如愿以偿呢”。的确，没有人规定对于一个人努力争取的东西，必须给予他们。相反，所谓造化弄人、命运顽皮，很多情况下，人们越是努力争取一件东西，越是得不到那件东西。生命中的很多事情都是水到渠成的，如果能够怀着坦然的心，反而可以随遇而安，理所当然实现自己的梦想。

任何情况下，人们都要怀着积极乐观的心态面对人生，都要本着从容淡然的心境享受人生。所谓成功，从来不是一蹴而就的，世界上也不会有免费的午餐，每个人要想有所收获，就必须努力付出。哪怕遭遇艰难坎坷，也能够奋发向上、勇往直前。否则一旦轻易放弃，人生就会因此陷入窘境，再也没有成功的可能。人人都是有梦想的，之所以有的人能够获得成功，有的人总是与失败纠缠，并非因为每个人的运气不同，而是因为他们对待失败和挫折的态度不同。真正的人生强者，总是能够奋发图强、奋勇向上，即使在人生的路途中遇到风雨泥泞和坎坷，也能勇往无前，而且无怨无悔。

每当被问起梦想是什么，相信很多人都会给出不同的回答。有人梦想成为老师，有人梦想成为科学家，有人梦想当村长，有人梦想成为作家，或者拥有边旅行边写游记的潇洒人生。不管你对于人生的梦想到底是怎么样的，都不要轻易放弃梦想。一旦树立了梦想，最重要的就是坚持捍卫梦想，哪怕生命遭遇坎坷泥泞，也绝不放弃。

人是群居动物，每个人都要与他人打交道，现代社会想要独立生活、自给自足几乎不可能。每个人都要打开内心的大门，走入他人的世界，这样才能在面对人生时始终从容，绝不局促。尤其需要注意的是，现代社会的人一定要学会与人相处，在如此繁杂的社会环境中，人际关系也是至关重要的资源。当心中不断回响着呼唤："放弃梦想吧，放弃梦想吧，人生即使失去梦想，也要正视现实。"很多意志力薄弱的朋友也许就会放弃梦想，甚至自我安慰：即使没有梦想，也必须正视现实。实际上，梦想真的是人生中和衣食住行一样重要的东西，没有衣食住行的满足，人的生活质量会降低，如果没有梦想，人也就无法顺利发展。

摩西奶奶以76岁高龄拿起画笔，从而给予人生更多的可能性，也让人生获得了前所未有的成功。这并非是因为摩西奶奶运气好，也不是因为摩西奶奶有贵人相助，而是因为摩西奶奶拥有梦想，也能维护梦想并且坚持实现梦想。正是在生命时光的不断流逝中，梦想才显得那么可贵，梦想就是用来实现的，任何情况下，都不要摒弃梦想，更不要因为生命的流逝而迷失梦想。退一万步而言，哪怕最终不能实现梦想，我们也应该努力奔向梦想，因为人生的价值并不以成功与否作为判断，而是以是否经历、是否让经历成为经验为终极目标。

每个人都是宇宙间的沧海一粟，很多东西生不能带来，死不能带去。既然如此，也就没有必要为了那些毫无意义的身外之物而折腾。努力降低对于物质的欲望，努力让自己成为精神的主宰，这样才能真正做到畅享人生，也能让生命因为尽心尽力、绚烂绽放而美好。

卓有成效的人生，不能本末倒置

前段时间偶遇一位保险代理人，也就是俗称卖保险的。与他闲聊浪费了很多宝贵的时间，但是也学到了珍贵的经验。面对一个想给孩子买保险的妈妈，保险代理人说："我觉得你不应该先给孩子买保险，而应把自己和孩子爸爸置于更重要的位置。否则，如果父母出现了不测，孩子就算有再多保险又有什么用呢？！"那位妈妈恍然大悟，这才意识到原来为家庭成员提供保障是有先后顺序的。实际上，不仅买保险要有先后顺序，人生之中哪些事情不需要先后顺序呢？如果从来不曾思考人生，稀里糊涂就把人生本末倒置了，那么人生非但无法事半功倍，反而会事倍功半，陷入极大的窘境和困扰之中。

人生要讲究顺序，就像在该学习的年纪就要认真学习，在该恋爱的年纪就要享受爱情，而在该开创事业的年纪，一定要把更多的时间和精力用于工作，或者有了孩子之后，因为孩子的成长过程是不可逆的，因而不要为了赚钱而忽略对孩子的陪伴。总而言之，人生是一场没有归途的旅程，任何人都不可能颠倒人生的顺序而获得成功。卓有成效的人生一定是获得合理安排的人生，这样才能提高效率，也拥有按部就班的顺序。

也许有些朋友会说，我就喜欢没有顺序、出其不意的人生。的确，人生如果过于按部就班，是会让人感到枯燥乏味的。偶尔的出人意料的惊喜，能给人生带来更多的创新，但是如果人生始终是一个惊喜连着一个惊喜，最终惊喜就会变成惊吓，甚至给人带来不好的人生体验。所以面对人生，任何时候都不要觉得可怕，也不要觉得畏惧。唯有在人生中勇敢地向前迈进，绝不因为小小的坎坷挫折就放弃，也不因为人生道路上横亘着巨大的失败而退缩，那么人生就会有更好的发展。

现实生活中，对于爱情，每个人都是充满渴望的。然而，爱情最美好的事情就是在对的时间遇到对的人，偏偏有很多人相爱却不能相守，就是因为在错的时间遇到了错的人。不得不说，这是爱情莫大的悲哀。民国才女张爱玲曾经说过，在时间的荒崖里，在千千万万人的人海里，赶巧遇到与自己倾心相爱的人，就是莫大的幸运。哦，你也在这里吗？这样看似一句轻声的问候，却给人生带来了很多的欣慰。从本质上而言，不仅爱情需要相识相知才能相爱，人生中在做每件事情时，都要有心的共鸣与呼唤。尤其是很多人都想寻找人生的捷径，都想花费最少的时间，而避免人生的遗憾，收获更多。殊不知，只有正确的时间，才有所谓正确的事情，要想让人生没有遗憾，活得恰到好处，就要首先确定正确的时间。

人生是漫长的，每个年龄段都有约定俗成该做的事情。虽然有很多天才或者特立独行者不会按照人生的既定顺序去生活，但是大多数人还是要按部就班，从容不迫地沿着人生之路往前走。当然，这并不意味着人生因此而成为被动的过程，面对人生，每个人都应该发挥自身的积极主动性，竭尽全力把握和掌控人生。尤其是当时光流逝，生命渐渐老去，白发苍苍的时候，一个人如果能够做到无怨无悔，那么他的人生才是成功的。

很多朋友都非常任性，追求个性，越是约定俗成该做的事情，越是不愿意去做。殊不知，很多事情一旦错过最佳的时机，也许就再也难以取得预期的效果。举个最简单的例子，人的身体发育是不可逆转的，尤其是女性，最佳的生育年龄也就在10年之间，如果放宽一些，在医学技术的帮助下，也可以达到二三十年。但是，最优秀的生命个体，一定是女性在自身身体的高峰期创造的。所以如今社会上有很多大龄女青年，因为各种各样的原因错过了最佳的生育年龄，等到真正想生孩子的时候，却发现已经不能生育，也因此给人生带来莫大的遗憾。

人生之中，有很多事情都有自身的意义，很多情况下，人们意识不到这些事情的意义，但是并不意味着这些事情没有意义。人生很长，也许可以暂时迷失；人生也很短，根本禁不起长久的错误。在未来的生命时光中，我们每个人都要选定正确的时间做正确的时间，也遇到对的人，这样的人生才能圆满，这样的生命才值得期许。

第 08 章

没人能代替你，所以梦想必须自己去实现

每个人都是这个世界独一无二的生命个体，每个人在面对人生的过程中，都要努力对自己的人生负责，而不是盲目模仿他人。所谓的模仿，并不能使得一个人替代另一个人，也不能使得一个人获得另一个人的成功，既然如此，除了节俭，模仿还有什么意义呢？尤其是对于梦想，每个人都是自己的主人，都要对自己的人生和梦想负责，而不是把希望寄托在任何人身上。

唯有不断成长，才能渐渐成熟

如今，很多家庭都只有一个孩子，面对唯一的孩子，父母的心中再也没有淡定和从容。他们恨不得代替孩子完成一切，不仅从孩子还在娘胎的时候就为孩子规划好一切，而且事无巨细地为孩子包办，替代孩子去感受人生。不得不说，这样的父母看起来是在爱孩子，实际上却是溺爱孩子，也是害了孩子。孩子的成长过程难道是可以替代的吗？当然不是。孩子的成长不但不可替代，也没有人能够帮忙。即使亲如父母，也许可以在孩子小的时候全方位照顾孩子，但是随着孩子渐渐成长，明智的父母要学会从孩子的成长中退出，直到孩子能够真正主宰自己的人生。

网络上曾有新闻报道，有些大学生在新生报到入学之际，因为不会铺床而不得不在宿舍坐一个晚上，因为从未见过带壳的鸡蛋，眼睁睁看着煮熟的鸡蛋却只能忍饥挨饿。大学生这样眼高手低，到底是什么原因造成的呢？就是因为父母对孩子照顾得太好，也是因为孩子在父母的保护和照顾下始终处于被溺爱的状态，因而衣食无忧、衣来伸手、饭来张口，最终成为无能儿。这既是家庭的悲剧，也是社会的悲剧，更是一代又一代孩子的悲剧。要想解决这个问题，父母必须意识到没人能替代孩子成长，即使父母也不能帮助孩子变得成熟。

有人说人生就是一出戏，在人生的戏份中，每个人都要扮演各种各样的角色。例如一个男人在家庭生活中既是儿子，也是父亲，还是丈夫；在职场上既是普通职员，也是上司，也是下属；在与朋友的相处中，既是他人的朋友，也是他人的兄弟，或者还是女性闺密的铁哥们儿；在社区生活中，他还有可能是好邻居；在道路上行驶，他还是个性情平和或有路怒症的患者。总而言之，人的社会角色是多种多样的，一个人如果能把自己的角色扮演好，就是人生中最大的成功。如果一个人连自身的角色都无法扮演好，又有什么资格对他人的人生指手画脚呢？哪怕是父母，也不能随便干预孩子的生活，更不能轻易介入孩子的人生。

人与人之间是有安全距离的，不但人的身体要保持适度的物理距离，人的精神也要保持适度的安全距离。再亲密的人之间，也必须彼此尊重、相互远离，才能在安全距离内友好相处，也才能在人生的舞台上密切合作。作为旁观者，我们不应该过度介入他人的生活；作为自己命运的主宰者，我们也不能允许他人过度介入我们的生活。总而言之，每个人都是自己命运的主宰者，唯有把握命运的脉搏，努力地成长，才能走得更好、走得更远。

皮特命运多舛，在生命最初非常不顺利，从小就体弱多病，长大成人之后，不管做什么事情都以失败而告终。有段时间，皮特从事推销工作，虽然赚得了人生的第一桶金，却被合伙人骗了，不但身无分文，还欠下外债。后来，皮特又开始从事保险代理业务，尽管做得风生水起，却又遭遇车祸，使得他在长达一年的时间里不得不躺在床上。

好不容易人到中年，皮特的生活终于稳定一些，但是他的儿子进入青春期，非常叛逆，成为学校大名鼎鼎的“混世魔王”。皮特经常因为儿子闯祸被老师叫到学校严厉批评，他觉得人生糟糕透顶，内心充满绝望，然而他还是熬过了这段时间。几年之后的一个清晨，儿子似乎一夜之间懂事了，再也不与皮特对着干，变得勤奋好学，考入了举世闻名的大学。

人生中，既不会一直顺利，也不会一直坎坷。面对人生的各种境遇，唯有保持淡然的心态，才能从容度过。正如人们常说的，既然哭着也是一天，笑着也是一天，我们为何不笑着度过人生中的每一天呢？同样的道理，既然无论怎样人生都要努力向前，我们当然要积极面对人生，而不要消极沮丧、一蹶不振。

人生总是要按部就班、循序渐进的，哪怕是再糟糕的人生阶段，也会成为过去时。面对人生的困厄，最重要的不是唉声叹气，也不是怨声载道，既然没有人能够替代我们成长和成熟，那么我们就要自己度过人生最重要的阶段，从而在人生中乘风破浪、勇往直前。

只有你知道自己的梦

曾经有人说，每个人在这个世界上最熟悉的陌生人就是自己，还搬出古诗“不识庐山真面目，只缘身在此山中”来阐明其中的道理。的确，人看自己是身在此山，因而很难做到客观公正，而人看别人则是超然物外，所以更客观、更公正，不过却很容易走入一个极端，那就是走入严苛的事实。对于每个人而言，人生都是自己的，虽然对自己很陌生，但是也最了解自己。归根结底，一个人哪怕再怎么设身处地也无法做到完全为他人着想，更不可能真正站在他人的立场上解决问题。这样一来，所谓的理解他人或是宽容他人，必然成为一种表面现象，也会因为他人的过于主观而误入歧途。

每当看别人的生活，我们总觉得别人过得光鲜亮丽，而且生活顺遂如意，让人羡慕，却不知道别人在表象的背后也有无数的心酸，甚至是难言的苦衷。反过来看，如果我们对自己的生活不满意，那么也要意识到，每个人的生活都是一言难尽的，我们之所以如此，只是因为更了解自己的生活，也更苛求人生。所以不管什么情况下，我们都要努力调整好心态，尽量做到客观公正地认知和评价自己。既要认清楚自己的优势，也要辨明自己的劣势，这样才能坚持梦想的道路，绝不轻易放弃。正如前文所说，没有人能够替代我们经历人生，更没有人能够替代我们去成长、去成熟。对于梦想也同样如此，每个人都有自己的梦想，每个人都无法复制他人的梦想。所以要想最终实现梦想，就要确定人生的方向，更加清楚自己在人生中想要达到怎样的高度，获得怎样的收获。唯有如此，我们才能最大限度激发出内心的潜能，也竭尽全力收获人生。

婴儿从呱呱坠地开始，对于这个世界几乎是没有知觉的，他们更熟悉妈妈的心跳和呼吸。随着不断成长，感知也在发展，他们对于世界越来越感兴趣，越来越好奇，甚至为了实现自己的价值、获得荣耀，而坚持不懈地努力。人生是有表象的，只有透过表象，才能看透人生的本质，才能真正洞察自己的内心。每个人最熟悉的人是自己，最陌生的人也是自己。在梦想面前，在人生的困惑面前，如果不能辨明方向，那么一定要调整好心态，准确清楚地认识自己，从而确定人生的方向，给予人生更好的选择和更美好的未来。

记住，不要一味地羡慕他人，因为他人的优势只属于他人，而你的羡慕嫉妒恨对于你自身而言不能带来任何好处。这个世界上，不管江河湖海，每天都是后浪推前浪，很多鱼都被搁浅在沙滩上，却没有人在乎。所以最重要的是让自己变得不可或缺、无可替代，这样我们才能得到他人的尊重和重视，也不至于让自己的生命悄无声息地消逝了。只有你自己才最清楚自己的梦想，在实现梦想的道路上，唯有勇敢坚持、砥砺前行，你才能真正成就自我、坚持梦想。否则当人生犹犹豫豫，拖拉不决，又如何能够有所收获，有所成就呢？！

法罗很小的时候就梦想成为一名舞蹈演员，因为家境贫困，父母根本没有钱送法罗去学习舞蹈，又加上法罗是男孩，父母并不支持他学习舞蹈。就这样，在艰难的生活中，法罗渐渐长大，然而他始终牢记成为舞蹈家的梦想，每当看到舞者在聚光灯下的舞台上自由地跳舞，他就羡慕不已。

等到法罗十几岁时，父母把他送到裁缝店当学徒，一则是希望他能养活自己；二则是希望他能挣钱帮助父母养家糊口，减轻家庭生活的重负。从此之后，法罗每天都要在裁缝店里工作十几小时，天不亮就要起床工作，到夜色深沉，他依然有很多杂活没有干完。这样没日没夜工作了好几年，法罗得到的报酬却少得可怜。痛定思痛，他决定不能这样过一生，可是又看不到前途有什么希望，因而想到了自杀。

法罗沉浸在绝望之中，满脑子想的都是如何结束自己的生命。一天，他突然想到了伟大的芭蕾舞者，决定向这位芭蕾舞者求助，也许能够为自己找到出路。不到一个星期，芭蕾舞者就给法罗回信了，拿到回信，法罗欣喜万分，他原本以为芭蕾舞者一定会因为同情他而帮助他，却没想到芭蕾舞者只是讲述了自己小时候在街上卖艺的生活经历。看完这封信，法罗恍然大悟，意识到自己不能因为生活的暂时不如意，就彻底放弃梦想，只有想方设法生存下来，才能有机会实现梦想。想到这里，法罗决定坚强地活下去，他从最艰苦的工作开始做起，一步一步改变人生，最终成为大富豪。此时，法罗意识到自己并不适合当舞蹈演员，但是很清楚正是当舞蹈演员的梦想，彻底改变了他的人生。

每个人都需要有梦想的支撑，才能在人生道路上越走越远，也才能真正接近人生的目的地。实际上，并非每个人都能正确地树立梦想，换言之，他们自以为是梦想的梦想，也许只是他们的一时兴起而已。是否真的能够实现梦想并非是最重要的，最重要的是在追求梦想的过程中不断地提升和完善自己，也给予自己更远大的未来。

人生是需要经历的，而不是只能一味空想。在人生中，每个人只有经历更多，才能准确衡量和评价自己，也才能确定自己应该拥有什么梦想、坚持什么梦想。有一点是无须改变的，那就是每个人都有自己的人生，也有自己的梦想，不应该因为他人而随意改变，而要更多地倾听来自心底的声音。人生中，最可怕的不是缺少勇气和力量，而是没有自己的精神。梦想，就是我们以精神的力量为自己设计的未来，就是我们为了精神的家园而不断跋涉的脚印，也是每个人在成长过程中汲取力量的加油站。

只有你，才能让自己成为梦想的样子

如果这个世界上有一种职业叫作造梦师，那么从事造梦师工作的人，一定会顾客盈门，甚至忙得连打盹的时间都没有。这到底是为什么呢？因为人人都有梦想，人人都渴望梦想成真。然而，通往梦想的道路总是充满艰难坎坷，如果在跋涉之中遇到阻碍或困境就放弃，那么实现梦想就会变得遥遥无期。基于这样的情况，可以说，对于每个人，唯有自己才是自己的造梦师。要想实现梦想，求人不如求己。正如人们常说的，自己是自己的上帝，自己是自己的神，自己是自己的奇迹。由此可见，人生的很多问题最终都指向我们自己，所以每个人唯有从容面对自己的内心，才能最大限度激发出自身的潜能，也让自己成为梦想中的样子。

从另一个角度而言，一个人想要成为什么样子，与其他人其实关系不大，而与自己关系密切。所以不管在什么情况下，也不管你有怎样的理由和借口，都不要随随便便就把自己的梦想强加于人。哪怕是亲密如父母子女之间，作为父母，也不能把未完成的梦想和人生理想寄托到孩子身上。孩子虽然是因着父母才来到这个世界，但是孩子并非是父母的附属品，也不是父母的私人产物。可想而知，既然生养了孩子的父母都无权干涉孩子的梦想，更何况是其他的人际关系呢？换个角度来说，一个人不但不能把自己的梦想强加于人，就算他人真的尝试了他的梦想，对他来说又有什么意义呢？父母会为了孩子的成功而欣喜若狂，但是在其他的人际关系中，一个人的成功并不能改变另一个人的生活，因为他们原本就是相互独立、毫不相干的啊！从这个角度而言，不管在人生中面对怎样的困境，也不管生命如何困厄，我们都应该坚持梦想，绝不要企图把梦想寄托在他人身上。

行走在人生路上，人人都会遭遇挫折困厄，有些人如同打不死的小强，摔倒之后拍拍身上的泥土，马上又行动起来。有些人却总是与梦想无缘，那是因为他们哪怕遭遇小小的失败也会立刻一蹶不振、沮丧绝望。人们常说，命运总是青睐成功者，实际上命运并不是青睐成功者，而是偏爱勤奋的人。作为渴望实现梦想的人，我们一定要拼尽全力发掘自身的力量，不遗余力冲着梦想走下去。人生是无常的，没有人知道人生终会走到何处，实现怎样的未来。既然如此，未知既代表着风险，也代表着机遇，积极乐观者更要借此机会抓住机遇，创造人生的奇迹。

珍妮老师非常可爱，总能知道学生的所思所想，也对学生和气友善，把学生当朋友。一天，珍妮老师比预计的时间提前结束讲课，因而她灵机一动问学生："同学们，你们的梦想是什么？"珍妮老师话音刚落，学生就像被打开了话匣子一样，七嘴八舌说起来。有的学生说自己梦想成为老师，有的学生说自己想当医生，还有的学生立志要成为科学家，也有的学生想当大官。只有杰瑞的梦想与众不同，杰瑞说自己想去中国的西藏看一看布达拉宫，还要去九寨沟看一看人间仙境，也要去非洲看狮子，甚至要与狮子拍一张合影呢！不仅老师不相信杰瑞能实现这么远大的理想，就连同学们也纷纷表示怀疑。

若干年后，已经退休的珍妮老师突然想起学生们当日的梦想，尤其对杰瑞的现状特别关心。她当即翻出通讯录，开始联系学生们。让她感到震惊的是，一个已经完全忘记了梦想的学生告诉她："老师，你还记得杰瑞吗？他非常厉害呢，如今成为一家旅行社的老总，不但走遍了世界上的每一个角落，还在策划送人去月球上旅行呢！"老师大吃一惊，不知道杰瑞是如何做到这一点的。在得知杰瑞的公司地址后，珍妮老师当即去拜访杰瑞。也许是因为行了几万里路，杰瑞看起来和小时候完全不同，那个曾经羞涩的男孩消失了，站在珍妮老师面前的是一个自信、成熟且非常成功的杰瑞。珍妮老师激动不已，杰瑞却说：“老师，我真的实现了自己的梦想。”

在梦想遭到所有人嘲笑的时候，杰瑞却没有忘记自己的梦想，而是始终朝着梦想奋进。他如今的身份是旅行社老总，实际上他最初的时候只是一名普普通通的导游，每天都要带着游客四处奔波，就像保姆一样照顾好游客。而他之所以有今日的成就，是因为他不忘初心，才能得到自己梦寐以求的人生。

人人都有梦想，我们既没有资格嘲笑别人的梦想，也没有必要因为梦想受到嘲笑而沮丧绝望。人生短暂得如同白驹过隙，却也是漫长的，漫长得足够人实现梦想。我们一定要记住的是，梦想从来不会等待任何人姗姗来迟，人生也经不起毫无意义的消耗。面对生命，要想亲手打造属于自己的绚烂人生，我们就要当机立断展开行动，也要最大限度成就未来！

你是人生的设计师

每个人从呱呱坠地开始，就如同一张白纸。随着不断地成长，孩子持续地接受外界的影响，变得越来越娇嗔，对于世界有了更多的认知和了解，对于生活也有了更多的欲望和不满。

尤其是渐渐长大之后，曾经让孩子感到满意的一切变得截然不同，孩子或者不满足于现在的生活，或者因为父母不是高官而怨愤，又或者面对人生的必修课，他们没有能力去完成。然而，对于孩子们而言，这一切都不是最可怕的，最可怕的是对人生没有规划，没有主见，在人生的困境中总会迷失，甚至遇到小小的困难就不知所措。正是因为人生充满了无数的不确定性，所以孩子们在人生之中的表现才那么被动，甚至完全不知道如何应对人生。

如何才能改变这种状况呢？最根本的解决办法，就是让孩子成为人生的设计师，这样在人生之中不管遇到什么情况，他们才能积极主动地面对，不遗余力地投入。唯有如此，孩子才会成为人生的主宰，真正把握和操控人生。假如孩子在出生时与人生之间的关系就已经定型，成为被动的关系，可想而知孩子即使在长大成人之后花费大量的时间和精力去改善这种关系，也是收效甚微的。提起“人生设计师”这个称谓，相信很多人都会觉得难以胜任，这是因为大多数人都习惯于被动地接受人生，在父母的安排下生活，只有真正饱经生活磨难，依然不改初心、坚定勇敢的人，才能在人生的道路上勇往直前，才能在面对梦想和未来的时候拼尽全力。退一步而言，与其在对别人的羡慕中蒙混度日，不如在改变自己的积极与勇敢中尽享人生。哪怕我们对人生的设计最终失败了，只要我们坚定不移、绝不懊丧，也能够踩着失败的阶梯站起来，从人生的逆境中崛起。

还记得在我小时候，父亲只是一名普普通通的匠人，每天都在建筑工地上辛苦地做工，甚至连节假日都没有。父亲还有一个特点，那就是特别爱捡破烂。每天从工地上收工的时候，他总是捡一些别人废弃不用的下脚料，诸如半块瓦片、一块砖头，或者只是一些小石子，他都毫无遗漏地拿回家。

日久天长，院子的角落里堆积的破砖烂瓦越来越多，把原本就不大的院子挤得更小了。对此，我很不满意，总是抱怨父亲天生是个穷命，所以才会捡这些乱七八糟的东西。后来，等到院子的角落里再也堆不下更多的东西时，父亲终于有所行动。那一次，父亲难得没有出门干活，而是在家里休息了一整天。他手下生花，把那些我口中的“破烂”变成了一间四四方方的小房间。这样一来，家里养的各种家禽就有地方住了，原本四处窜的它们都被赶到房间里。这下子，院子里变得清爽干净了很多，我家甚至成为全村的标杆，村子里很多人家都来我家参考，还都张罗着让父亲去给他们也修建这样的一间小房子呢！

无疑，事例中的父亲是一个热爱生活，也对生活有规划的人。只从修建家禽圈这件小事看来，他就是已经做到了未雨绸缪。所以面对孩子口中的“破烂”，父亲总是乐此不疲地拿回家里，堆在院子的角落中。日久天长，父亲就这样不费力气也没有花费任何金钱，就让家禽们都有住的地方。看到这里，也许有些朋友会觉得不以为然：不就是盖个小房子，有什么未雨绸缪的。虽然盖家禽圈是一件小事，但是由此折射出来的精打细算却是人生值得学习的。

很多人对于成功都有误解，觉得成功一定是要高大上且不接地气。实际上，成功不一定要有多么辉煌璀璨，也没有统一的标准。每个人都要根据自身的实际情况为自己确立目标，这样才能让目标切合实际，也才能让人生的计划更长远。记住，只有你才是人生的掌舵手，所以人生的方向完全是由你确定的，也掌握在你的手中。不管何时，你都要精心设计人生，更要勇敢坚持选定的梦想之路，这样人生才会充实而精彩，也才会拥有远大的前程。

面对梦想，没人能取代消极的你

人人都想实现人生的梦想，却不知道在实现梦想的道路上，自己是独行侠，也注定了要单打独斗。这是因为实现梦想的任务无可取代，所以人人都要把梦想深藏在内心深处，时刻不忘，这样才能最大限度激发自身的斗志，让自己意气风发、卓尔不群。否则，如果连梦想的拥有者在面对梦想时都已经懈怠了，还有谁能够替代他呢?

现实生活中，真正能够实现梦想的人少之又少，这是因为大多数人在树立梦想之后，不是把梦想抛之脑后，就是把梦想完全忘却了，还有的人会在实现梦想的过程中轻易放弃。殊不知，梦想的道路艰难而曲折，布满崎岖，一味地放弃梦想，只会让人生坠入深渊，再也没有任何可能实现梦想。梦想就像是一颗娇嫩的种子，既需要精心呵护，也充满希望，但是绝不要把梦想尘封，更不要忘记梦想的模样。尽管人们常说说出来被嘲笑的梦想才是真正的梦想，但梦想是不应该被嘲笑的。每个人都应该爱护自己的梦想，也应该尊重他人的梦想，在和他人的彼此鼓励与支持中，最终成就梦想。如果你不曾为实现梦想而努力过，如果你不曾在通往梦想的道路上艰难跋涉，你就没有资格抱怨命运，更不能说遭遇了亏待。真正的亏待，是一个人对待梦想不努力、不主动，是一个人面对梦想的道路却止步不前。

每个人的梦想，都是未来精彩人生的剪影，为人们描画值得期待的未来；每个人的梦想，都是希望得到尊重和仰望的事实，正是因为梦想的珍贵，人生也才拥有更高的身价。每个人的梦想，都因为他人的拒绝而变得更加厚重，而他人的嘲笑恰恰应该作为人们更加坚定实现梦想的决心和勇气。面对他人或大或小的梦想，任何时候都不要轻易嘲笑。有人说岁月是把杀猪刀，实际上，梦想更是一把杀猪刀，更是人生的试金石。朋友们，从现在开始不要再抱怨命运，如果你真的为了梦想而努力拼搏过，那么就从现在开始潜心于实现梦想、骄傲于实现梦想吧！记住，人生没有那么多选择和退路，人生的未来只能以梦想作为保证，只能以梦想作为源源不断的动力。

高中时期，娜娜的学习成绩不是很好，始终处于中等偏下的水平。妈妈担心娜娜考不上理想的大学，灵机一动，想出了一个好办法，那就是让娜娜考艺术院校。众所周知，艺术院校里的学生都以艺术作为特长，对于文化课的要求并不高。为了提升娜娜的艺术水平，妈妈专门聘请了艺术老师，对娜娜加强指导。

眼看高考在即，妈妈比娜娜还紧张呢。妈妈问娜娜："娜娜，你紧张吗？"娜娜为难地说："妈妈，我是从半年前才知道自己要考艺术学校的，在此之前，我从未发现自己在唱歌或美术方面有什么特长。我觉得，我应该复读一年高三，等到明年再考，胜算也许还大些。"看着娜娜心中没底的样子，妈妈也情不自禁感到忧虑，但是妈妈知道娜娜现在需要的是鼓气，而不是消气。为此，妈妈对娜娜说："妈妈相信你，你一定能行。你也要相信自己，说不定你以后还能成为大明星呢！"在妈妈的不断鼓励下，娜娜鼓起勇气参加了高考，居然顺利地考上了一所艺术学校。

虽然娜娜考艺术学校的梦想树立得很仓促，但同样是梦想。为了帮助娜娜实现梦想，妈妈不断鼓励娜娜勇往直前，从来不对娜娜说任何泄气的话。正因为如此，娜娜才能一鼓作气，朝着理想的学校冲刺和努力，最终如愿以偿考入理想的大学。

人生之中，每个人都有梦想，要想实现梦想，就千万不要悲伤，也不要暗自哀叹。记住，唯有不断地奋发向上、努力向前，才有突破人生的可能，才有实现梦想的机会。既然命运注定是残酷的，既然人生注定是不安的，我们就应该在动荡的人生中乘风破浪，最终创造人生的奇迹，也让人生变得璀璨辉煌。但是，这一切的前提是我们面对梦想的态度非常积极，而且主动乐观。如果一个人对待梦想总是怀着消极的态度，那么无论有多么便利的条件，也不管人生拥有多少可能性，最终都会是水中花、镜中月，导致人生事与愿违，甚至竹篮打水一场空。从这个角度而言，梦想能否成就人生，其实取决于我们对待人生的态度和奔向梦想的决心和力量。朋友们，你做好准备拥抱梦想、实现梦想了吗?

第 09 章

找一群愿意为了梦想和你并肩奋斗的人

人人都有梦想，有的梦想现实，有的梦想辽远，有的梦想不沾丝毫烟火气，还有的梦想带着浓重的世俗气味，美其名曰脚踏实地。如果是小小的、容易实现的梦想，固然可以实现，如果梦想很远大且脱离实际，那么就很难实现。在这种情况下，为了实现梦想，我们就需要借助于他人的力量，与他人合作，从而共同发展与进步。当然，这么做的前提是能够找到一群志同道合的朋友，这样他们才会为了实现梦想而与我们精诚团结，并肩奋斗。

没有人能凭着个人英雄主义就成功

随着时代的发展，社会也不断进步，生活节奏越来越快，工作压力越来越大，很多人都面临着进退两难的境地。进，他们不知道应该如何进步；退，他们不知道如何自守。就这样，生活变成了一场尴尬，人生也在尴尬之中停滞，不知所措。实际上，时代发展的一个显著特征是，人的群居动物本性更加表露无疑，如果说以前还可以做到自给自足，那么现在就必须通过与他人合作，才能实现共赢。现代社会，几乎没有人能够仅凭个人英雄主义就取得成功，所以一个人不管能力高低，都要怀着谦虚的心态与他人合作，这样才能如愿以偿地获得成功。退一步而言，即使不成功，也可以汲取经验和教训，从而提升和完善自己。

实现梦想的道路注定是孤独的。因而对于梦想，人人都要怀着敬畏的态度，千万不要觉得梦想就是一蹴而就，就是不劳而获，真正的梦想，哪怕你付出很多也未必有收获，但是如果你从来不愿意付出更不想尝试，那么你就不会有任何收获。曾经，有很多人自视甚高，总觉得自己能力很高，不管做什么事情都能成功。实际上，这样的想法只是不切实际的空想，越是成功者越是比普通人遭受了更多的折磨。他们之所以最终能够得到成功的青睐，是因为他们绝不气馁，每次都能踩着失败的阶梯不断前进。正如人们常说的，所谓失败就是比成功更多一次努力。如此看来，失败也没有多么复杂，并非遥不可及。本着对人生负责的态度，面对失败，我们要百折不挠，从失败中崛起。

如今，几乎每个网购的年轻人都对马云如雷贯耳，这是因为马云彻底改变了国人的消费模式，也首创了全新的购物模式。那么，马云难道有三头六臂，才能获得成功吗？当然不是。马云的成功并非他有三头六臂，而是因为他有很多好助手。众所周知，马云有十八罗汉的相助，之所以叫十八罗汉，一则是数字偶合，二则这些人都对马云忠心耿耿，不管马云是成功还是失败，他们都无怨无悔地追随马云，才能和马云一起获得举世瞩目的成就。对于自己的成功，马云显然也有深刻的认识，所以他才会告诉人们，一个人不能独自行走在黑暗之中，但是千军万马却可以在黑暗中如履平地，也绝不畏缩。马云正是因为有属于自己的优秀团队，才能这么多年经历风雨，也毫不畏惧和退缩。

现实生活中，很多事情都向我们揭示同样深刻的道理，那就是没有人能随随便便成功，而且没有人能够仅凭自己的力量取得成功。当然，既然人是群居动物，并且秉承合作的原则，那么在人生遭遇困境时，我们就要学会借力。所谓借力，就是求助于他人，与他人全心合作，彼此贡献所长，一起共渡难关。这样的借力，能够让人的力量呈现倍数增长，也能让人的未来更加美好。可以借力的东西很多，并不局限于力气，包括专业知识、学识能力、资金人脉等，都可以以借力的方式彼此整合，从而实现共赢。

民间有句俗话，叫作一根筷子易折断，十根筷子抱成团。一个人的力量再强大，也比不过整个团队的力量。所以聪明人不会凡事都亲力亲为，而是能够整合每一个个体的力量，使其拧成一股绳，成为有机的整体，这样就能创造奇迹、缔造辉煌。常言道，尺有所短，寸有所长。这个世界上没有任何人是十全十美的，也没有任何人是全能的。一个人也许在这个方面很突出且擅长，但是到了其他方面，他们就呈现出劣势。因而在一个团队中，要想发挥最大的力量，每个人就要发挥自己的长处，避开自己的短处，也要以他人的长处弥补自己的短处，或者以自己的长处弥补他人的短处。唯有完全消除个人英雄主义思想，全身心投入、齐心协力做好一件事情，团队才能做到共赢，也才能在激烈的竞争中脱颖而出。

当今社会，各行各业之间的分工越来越细，这也决定了一个人只可能成为某个领域的专业人才，而不可能成为通才。所以各行各业之间的合作也应该越来越密切，只有放下私心，遵循团队里共同的原则，才能齐心协力勇往直前，奋发向上。很多优秀的管理者都梦想着打造最优质的团队，然而优质团队并非是那么容易就获得的。和自己的努力相比，打造优质团队更要调动起所有团队成员的积极和热情，从而形成向心力。总而言之，一个人如果崇尚个人英雄主义，只想单枪匹马闯天涯，根本不可能获得成功。唯有放下小我，心怀大我，才能真正无我，也才能最大限度融入团队，和队员一起奔向成功，实现梦想。

合理配置资源，这很重要

为什么有人抓了一手烂牌，却能够把烂牌打好，最终反败为胜，而有人明明抓了一手好牌，却把牌出得乱七八糟，不知不觉间就彻底败下阵来呢？究其原因，是前者懂得合理配置资源，知道如何以好牌带动坏牌，而后者却不懂得合理配置资源，导致原本的好牌都被糟蹋了，败局已定，再也无法扭转。由此可见，合理配置资源非常重要，这是一项需要动脑的工作，也是要精心算计才能实现的。

其实，不仅打牌需要具备合理配置资源的能力，要想玩转人生，同样需要具备合理配置资源的能力。一个人唯有心中怀有大局，合理谋划，才能把很多事情都规划到最好，也才能按部就班、条理清晰地完成很多事情。一个有条理的人，和一个思维混乱的人，是截然不同的。有条理的人做起事情来从容不迫，而思维混乱的人看似非常忙碌，实际上做事情的效率却很低，因为他们把宝贵的时间都浪费了，也在混乱的纠缠中让自己非常被动。

现代职场上，就业形势很严峻，很多学历很高的人在找工作时却面临尴尬的情况，他们尽管有着高学历，却没有得到用人单位的认可，这是为什么呢？实际上，正是高学历让用人单位对他们望而却步。当然，这并非是让人放弃学习，而是告诉人应该从事与自身学历相匹配的工作。例如一个人是博士学历，如果去竞聘专科生就能从事的工作，即使在薪资水平相同的情况下，用人单位也愿意聘用专科生，而不愿意任用博士生。一直以来，人们都说恃才傲物，用人单位也不愿意杀鸡用牛刀，更不愿意让博士生大材小用。对于用人单位而言，实现资源的最佳配置，既能为公司节省开支，也能方便管理，真正做到一举两得。

对于聘用人才，马云曾经说过，用人最重要的原则就是合适，而非贵的才是好的。现实生活中，有才华的人很多，好人也很多，但是他们未必都适合作为结婚对象。正是在这样的局势下，很多人才都面临窘境。曾经有个博士生为了找到工作，甚至隐瞒自己的博士学历，而以本科学历去应聘。直到自己的能力在工作中得以展现，他才循序渐进“暴露”自己的学历，得到了领导的认可。

对于用人单位而言，员工并非能力和水平越高越好，只有在员工的学识和专业技能与招聘岗位相适应的情况下，才能做到物尽其用，人尽其才，也才能合理配置资源。举个简单的例子，如果给拖拉机装上飞机的引擎，那么拖拉机能像飞机一样高高飞翔在天空中吗？当然不能。所以飞机的引擎就浪费了，原本它可以用在更合适、更需要它的地方。从这个意义上来说，东西并非越贵越好，也并非一切都要以金钱为标准去衡量。就像穿鞋子，难道水晶鞋就一定是最合脚的吗？只怕削掉半个脚后跟，也穿不进去，还白白受罪。常言道，鞋子是否合脚只有脚知道，那么我们一定要为自己选择一双最合脚的鞋子，才能穿着鞋子行走人生。

通常情况下，那些优秀的人才都特别有主见，一旦对自己评价过高，就会陷入自以为是的误区中无法自拔，甚至影响人生的发展。所谓木秀于林风必摧之。一个人如果总是与团队格格不入，是无法顺利融入团队的。在这种情况下，越是优秀的人才，越是要调整好心态，从容睿智地面对人生。朋友们，你知道自己有哪些人生资源，又应该如何合理配置吗？赶快为自己制定一个资源配置表，相信你一定会有惊喜的发展。

把员工看成事业上的合作伙伴

很多老板或者领导者，对于下属都怀着错误的态度，总觉得下属从自己手里领取工资，因而对下属时常呵斥，甚至颐指气使，把自己看得高高在上，不可一世。实际上，人与人从人格的角度而言都是平等的，而老板和下属的关系只不过是职位不同而已，并不代表老板就比下属高一个等级。真正聪明的老板从来不把下属当成下属，也不把自己当成上级，而是很清楚地知道自己与下属之间是合作的关系，是事业上的伙伴。可想而知，在这样的心态下，下属怎能不对老板忠心耿耿，不愿意追随老板呢？

人类社会中，一切的关系都可以归结于人际关系。只有把人当成人，而不是戴着有色眼镜与人交往，我们与他人的关系才能水乳交融，步入良性发展的道路。很多企业经营者最困惑的是，自己费尽辛苦好不容易才招聘来一些人，却在倾尽全力培养之后，他们都纷纷离开了。很多企业因此而成为“人才培训机构”，源源不断给其他同行输入人才，却从未想过怎样留住人才。不得不说，对于企业而言，这是非常糟糕的情况，也绝对是恶性循环。但是企业经营者和管理者并未意识到出现这样的情况到底是因为什么，从本质上来说，所谓的没前途，没有晋升空间，都是借口和托词。人才之所以流失，就是因为没有形成和老板共同的责任感与使命感，也没有在老板描述的愿景中看到人生的希望和美好的未来。

很多企业主和管理者都以为高薪与高福利才是吸引人才的唯一条件，然而无数的管理经验告诉我们，高薪固然能吸引人才，却未必能够留住人才；好的福利也许使人才流连忘返，却不能真正俘获人才的心。要想让每一个下属都与自己齐心协力对待工作，奋力拼搏，更重要的是捋顺自己与人才之间的关系，成功地凝聚整个团队的力量。

因为管理观念的不断更新，很多高层管理者和企业主在招揽人才时，的确打着寻找合伙人的旗号。然而，他们并没有真的把下属视为自己的合伙人，这使得他们与下属的相处貌合神离，问题层出不穷。他们对待所谓的合伙人时，就像一个素质不高的餐厅老板对待服务员，从来不考虑下属内心的所思所想，也不在乎下属的感受。他们整日对下属吆五喝六，却不知道哪怕给再高的薪水和再好的福利，这样的态度也无法挽留下属的心。所以真正聪明的老板不把自己作为企业的主人，而把每一个下属都当成企业的主人，都当成自己的兄弟和合理合法的合伙人。也许他们不给下属分红，但是他们给予下属极大的尊重和发展的广阔平台；也许他们不能和下属称兄道弟，但是他们的眼中闪耀着尊重和欣赏的光芒，他们的心底流淌出平等与友爱的赞歌。人都是感性动物，每个人都有非常敏锐的感受力，所以千万不要试图以虚情假意敷衍别人，而是要真心诚意地对待每一个人，只有这样才能以情动人，以理服人，换取真诚。

当你想要打造属于自己的优质团队，当你想要团结一切可以团结的力量，你就要把自己的梦想变成团队所有成员的梦想，这样你们才有共同的愿景，也才有值得共同期许的未来。此外，领导者还应该把自己变成领头羊，当领导者不管何时都起着带头和榜样作用，作为下属，还好意思偷奸耍滑，不愿意付出自己所有的心力和努力吗？所谓事在人为，就是告诉我们只有拼尽全力，才能创造奇迹。

好的合作者，让你事半功倍

叔本华曾经说过，一个人如果仅凭自己的力量行走天下，那么他必然势单力薄，无法获得如愿以偿的生活。虽然鲁滨逊在孤身一人的情况下活了很久，还要与恶劣的自然环境做斗争，但是他只实现了基本的生存，而没有做出任何事业。要想实现自己的人生意义，最大限度地创造自己的价值，他必须回归到人群之中，与更多的人相处，向他们学习，与他们合作，这样才能开启一加一大于二的人生模式。

也许有些朋友会说自己不愿意与其他人合作，只想一个人安安静静地生活。不得不说，这样的人生状态是很消极的，拥有这样人生状态的人必然是对人生失去希望的。尽管我们不能过于看重身外之物，但是人活着总是要有些追求的。哪怕只是想多挣钱而激励自己动起来，积极主动面对人生。当人真的无欲无求，对于人生没有任何渴望和追求，则一定会失去生命的活力，也会变得被动。换言之，哪怕一个人真的是人中龙凤，也无法独自战胜实现梦想过程中所有的艰难坎坷，所以一定要找到志同道合的合伙人，不断地汲取和吸纳力量，开拓属于自己的人生天地。

转眼之间，到了三九，天气特别寒冷，在凛冽的寒风中，鹅毛大雪飘洒着落到地上，转眼之间就结冰了。也许是因为实在冻得透彻心扉，所以走街串巷卖大饼的和卖棉被的不约而同来到四处透风的破庙里取暖。虽然破庙已经残破不堪，但是比起在荒郊野岭行走的寒冷，还是好多了。在最初感受到的温暖渐渐褪去之后，卖大饼的觉得冷风又开始朝自己的身体里钻，他甚至觉得自己比刚才更冷。而卖被子的闻着大饼散发出来的食物香气，觉得饥肠辘辘，甚至肚子里叽噜咕噜地叫了起来。他们彼此都在向往着对方售卖的东西，卖大饼的想要一床棉被，卖棉被的想吃一张大饼，也许肚子里饱了，身体上就不感觉那么寒冷了。然而，他们谁也没有说话，没有任何人提起这场交易。寒风越来越肆虐，雪越来越大，最终卖大饼的冻死了，卖棉被的则饿死了。

在这个事例中，如果卖大饼的和卖棉被的能够彼此合作，相互交换，或者购买对方的商品，那么他们不但能够摆脱厄运，而且还能度过一个愉快的、倾心交谈的夜晚。然而他们谁也没有挖掘这个商机，更没有提起这桩两全其美的交易，所以才会落得如此悲惨的下场。

意大利一位著名的作家曾经说过，一个人仅仅依靠自身的力量，根本不足以应付悲惨的生活，也不足以战胜人生中的苦难。因而，每个人都需要得到他人的帮助，也要在有能力的情况下竭尽所能帮助他人。正所谓我为人人，人人为我，就是教会我们与人相处的道理。就像一个人面对对手，如果与对手势不两立，彼此仇视，那么他的力量就是有限的。如果能把对手同化，拉到自己的阵营中，就能整合对手的力量，让对手为自己所用。如果是你，你会选择哪一种做法呢？只要是聪明人，一定会选择后一种做法。一个人哪怕能力再强，得到了天时、地利、人和，也必须拥有合作者，才能应对充满压力的生活与工作。常言道，一个篱笆三个桩，一个好汉三个帮，就是告诉我们一加一大于二的道理。

在社会上生存，每个人都会面临各种各样的压力和窘境，也会拥有很多的竞争对手。一味把自己陷入仇视的境地，让自己与全世界为敌，还不如调整好心态，让自己多结交朋友，少树些敌人。所谓多个朋友多条路，多个敌人多堵墙，当朋友遍布天下，可想而知人生必然水到渠成，很多事情都会走到理所当然、顺理成章的状态。

当然，需要注意的是，合作不能盲目，必须对合伙人加以考察，不但要重视合伙人的能力和水平，更要重视合伙人的人品和素质，在此基础上建立长久和双赢的发展。当然，这个世界上没有永远的敌人，只有永远的利益。当觉得无法打动合伙人时，不如给对方让利。这样看似少赚了一些利润，实际上却获得了长久的合作，如同薄利多销的道理，这样的合作才是更长远的。香港首富李嘉诚，就是因为能够拱手把利益让给合作伙伴，才能把生意做得长长久久，也才能实现与合伙人的共赢和皆大欢喜的结局。

当人人都相信你，你就是信仰的中心

一人是人，两人是从，三人是众。一个人相信你，那叫信任，两个人相信你，说明你很有威信，如果众人都相信你，那么你就会化身信仰的中心，成为人人信任和敬仰的存在。毋庸置疑，人人都希望成为他人的信仰，这样才能具备超强的吸引力和公信力，也才能拥有振臂一呼、应者如云的强大气魄。尤其是作为领导者，更应该形成这样的气势。细心的朋友会发现，古往今来，很多有所成就者，很多伟大的人物，都拥有公信力，都在群众中间拥有极高的呼声。正因为如此，他们才能成就伟业，才能让人生卓尔不凡。

从实现梦想的角度而言，一个人的力量即使再强大，也是有限的。唯有把很多人的力量整合在一起，才能形成强大的合力，拥有惊人的力量，才能创造生命的奇迹。所以仅仅从实现梦想的角度出发，我们也应该在实现梦想的道路上拥有更多的同行者，这样才能在风雨泥泞中拥有更多支持，也才能在人生前途未卜的时刻感受到更多的力量。当一个企业中，每一位员工都把自己当作企业的主人，都把企业主当作自己志同道合的兄弟和亲密无间的战友，可想而知这样的企业想不发展壮大都很难。所以从根本上而言，不管是为了实现梦想，还是为了收拢人心，我们都应该成为千万人的信仰所在，都应该以梦想为力量与他人紧密团结、精诚合作。

信仰，对于国家和民族而言，是灵魂所在，对于一个人而言，则是精神方面的强大力量，是人生之中不可忽视且决定未来的重要因素。现实生活中，很多人都看到成功者光鲜亮丽的一面，却从未看到过成功者在成功背后付出的艰辛和努力。诸如马云一手创办了阿里巴巴，并且坚定不移地信仰自己的梦想，也能够以这种信仰成就所有的阿里人。最重要的是，很多阿里人都以马云的梦想为自己的梦想，都以阿里巴巴的发展和成就作为自己的前途与名誉。这样的力量是很可怕的，不但能够团结众人，而且能够吸引和凝聚每一个阿里人。

很多伟大的企业管理者都很重视打造企业的信仰。这个信仰最初源于他们的梦想，随着他们不断成长，才渐渐成为企业的发展目标。要想把这个信仰变成企业的信仰，其实还有很长的路需要走，那就是把这个信仰推广到企业，以管理者自身的人格魅力和凝聚力以及公信力，让越来越多的员工把这个信仰当成自己的梦想。就像百川入海，当所有的力量都汇聚于一点，那么企业自然会发展壮大，不可战胜。正是基于这个原因，如今很多企业在招聘新人进行培训时，不会急于给新人培训专业知识，而是先对新人进行“洗脑”。所谓洗脑，就是把企业的价值观念、文化及信仰都告诉新人，初步引导新人形成对企业的愿景。

对于任何一个团队而言，要想实现团队的信仰，就要调动每个团队成员积极的力量。作为团队管理者，一定要把自己的信仰变成团队的信仰，进而变成团队中每个成员的梦想，这样才能在人生中不断进取，也才能实现团队与成员的合作共赢。

以形象的比喻来描述，在有共同信仰的团队中，每个成员都像是向着同一个方向行驶的车辆，汇聚成车流，也秩序井然、按部就班。而在没有共同信仰的团队中，每个成员都有自己的想法，就像道路上的车辆向着四面八方行驶，自然显得很混乱，而且也无法汇聚成合力。所以说要想成为优秀的领导者，一定要从自身开始打造，才能带出优秀的团队。领导者对待员工首先要真诚，其次要富有吸引力，这样才能把员工紧紧地团聚在自己身边。记住，追求梦想的道路固然是孤独且寂寞的，但是作为优秀的人，我们一定要把自己的梦想变成团队共同的梦想，最终形成团队共同的信仰，这样团队才会拥有强大的力量，也才能取得令人瞩目的发展和成就。

唐僧团队的神奇魔力，你知道吗

从古至今，要说最优秀的团队，非四大古典名著之一《西游记》中的唐僧团队莫属。所谓优秀的团队，并非每个团队成员都是出类拔萃的人才，拎出去都能单打独斗，而是每个团队成员单独看起来都很平凡，但是一旦团结在一起，凝聚所有的力量，就会变得不可战胜。从这个角度来看，优秀的团队打造者和管理者其实具有化腐朽为神奇的力量，也能创造奇迹。唐僧团队是观音菩萨一手打造的，所以每当团队遇到难以解决的问题时，观音菩萨就会作为救世主出现，为他们指点迷津，或者帮助他们解决问题。在唐僧团队中，核心人物无疑是唐僧，尽管他手无缚鸡之力，总是因为心地善良被妖怪欺骗，但是他拥有坚定不移的信念，并且能把自己的信念变成整个团队的信念。如果说这个团队中一定有谁是不可替代的，那么就是唐僧，甚至连观音菩萨也不能替代唐僧。

在唐僧团队中，孙悟空无疑是最具有能力的人才。不管遇到怎样的危险，都需要孙悟空发挥超强的能力摆平。看起来，好吃懒做的猪八戒似乎总是帮倒忙，实际上猪八戒同样不可或缺。在关键时刻，当孙悟空仅凭自己的力量无法解决问题时，猪八戒也可以贡献微薄之力，从而助孙悟空一臂之力。看到这里，相信一定又有朋友说，沙和尚不能打，脑袋又很笨，沙和尚一定是可有可无的。如果没有沙和尚，谁来当苦力，挑行李呢！还有白龙马，是唐僧的坐骑，同样不可或缺。换个角度来看，虽然唐僧是整个团队中不可取代的核心和灵魂人物，但是如果没有孙悟空、猪八戒、沙和尚和白龙马，他的西天取经之路根本走不完。由此可见，唐僧团队中的每个人物都不可或缺。

不管是在生活中还是在工作中，每个人都需要与周围的人打交道，都要生活在或大或小的人际圈子里。在职场上，人际圈子还会决定他们的职业发展和晋升途径。为此，作为现代人，一定要学会打造属于自己的团队，掌握人脉资源，从而实现人脉资源的最合理优化配置，将平凡的人集合在一起，也能做出意义非凡的伟大事情。

众所周知，阿里巴巴的马云之所以能够获得成功，并非仅凭一己之力，而是因为他有一个优秀的团队。在这个团队中，每个人都紧紧围绕在马云身边，但是并不盲目地追随马云。相反，他们各有特点，各有所长。那么，马云是如何把这些人团结到一起，并且效能最大化的呢？对此，马云说自己就像唐僧一样，会调兵遣将，但是并不会过分干涉下属。对于企业管理，马云并不奢望打造精英团队，是因为他很清楚一个团队里如果都是精英，每个人都极具个性，那么整个团队就会如同一盘散沙，根本不可能整合起来。所以马云对于管理的梦想是，把平凡的人集中起来做不平凡的事情，最大限度发挥团队的力量。不得不说，马云在管理方面是有真知灼见的。

很多人都觉得唐僧带领的西天取经队伍是乌合之众，却不知道这恰恰是优秀团队的特点，那就是单独拎出来每个人都不那么优秀，然而一旦把他们整合在一起，就会产生惊人的力量，获得巨大的成功。作为一名管理者，一定要向唐僧靠拢，也许没有超强的能力，但是却能够以德服人，拥有明确的目标和愿景。正因为如此，他才能让整个团队形成凝聚力，才能在团队工作中成为核心和灵魂人物。只有优秀的领导人才能拥有优秀的团队，只有优秀的领导人才能打造出优质团队，成就自己和整个团队。这个道理也从侧面说明，一个人不应该妄自菲薄，因为平凡的人只要把自己放在正确的位置上，才能够做出伟大的事情。很多人都曾参加过球类运动，知道球类运动的特点就是需要多人合作，而且团队成员之间必须非常默契，彼此配合，才能拧成一股绳，在团队运动中发挥超强的力量。带领团队也是如此，不管我们是作为团队的领导者还是作为团队中的普通一员，都要端正心态，奋勇向前，才能在人生中有突出的表现，实现自己伟大的梦想。

团队中，什么样的人才最可贵

在梦想团队中，什么样的人才是最值得留下来并且委以重任的呢？对于这个问题，每个团队领导者都会有不同的理解和选择。有的团队领导者有狼性，因而希望自己的队员如同野狗一般能在工作中有杰出的表现。有的团队领导者比较保守，为了稳妥起见，希望团队的成员都很听话，也具有执行力，这样他们才能在团队工作中服从命令听指挥，也让管理者管理起来更轻松。殊不知，不管是过于野性的团队成员，还是比较温顺的团队成员，都不是最好的团队成员。从管理的角度而言，如同野狗一样的团队成员固然能力很强，但是他们个人英雄主义很重，不愿意服从管理，对于管理者而言，一旦对他们调遣不到位，他们反而会在团队中起到负面的作用，搅乱整个团队的管理秩序。反之，那些如同小白兔一样温顺的团队成员，因为过于温顺，甚至逆来顺受，总是缺乏主见，盲目服从管理者。这样一来，他们只能算作管理者的“傀儡”，而不能算作一个独立的队员，也缺乏创新力。总而言之，在一个团队中，真正优秀且可贵的人才，是那些介于野狗和小白兔之间的，他们既有能力，也能够有的放矢发挥自身的创造力，服从管理，所以必然成为团队的中坚力量，也会给予团队生机与活力，是团队管理者最为倚重的人才。

很多人在找工作的过程中都会参加很多场面试，他们误以为面试官最看重的是他们的能力、学识和水平。殊不知，面试官最看重的是他们为人是否诚信，是否值得信赖，也要考察他们的各种价值观念，从而确定他们能否与企业相融合。相比这些方面，学识可以通过学习补充，业务知识也可以在工作过程中得以提升，只有这些才是根本，才是基础，也是高瞻远瞩的企业管理者最为看重的。

道理人人都懂，但是在实际工作中，还是有很多管理者目光短浅，只考察员工的业绩，而把员工做人的基础放在一边。不得不说，这是鼠目寸光，也会对企业的发展造成致命的伤害。

在企业管理中，作为管理者，一定要把握最重要的原则，那就是把员工价值观和业绩两手抓。只有价值观而能力很差的员工，可以悉心培养他的业务能力。而业绩虽然好，但是价值观偏差很大的员工，则一定要坚决弃用。总而言之，人无完人，管理者在宽容员工有小小瑕疵的同时，也要更看重员工的长远发展能力，才能让员工长期都为自己所用。

第 10 章

有梦想就会有压力，就像有付出才会有收获

常言道，有付出才会有收获。很多情况下，即使有了付出，也未必会有收获。但是在聪明人那里，不管有付出是必然有收获，还是可能有收获，都不影响事情的发展，这是因为如果不付出，就注定毫无收获。在实现梦想的道路上，每个人都是负重前行的蜗牛，都会遇到各种各样的困难和阻碍，与其抱怨，不如积极主动面对，把压力转化为动力，这样人生才会有更好的发展，也才能得到更好的对待。所以朋友们，不要总是怨天尤人，也不要总是杞人忧天，梦想的道路一旦选择了，即使跪着也要走完。

不真正去做，如何知道结果

人的本性总是趋利避害的，人人都希望在人生之中获得一蹴而就的成功，却不知道成功从来不会从天而降，世界上更没有免费的午餐和天上掉馅饼的好事。一个人要想有所收获，就要端正心态对待人生，要知道人生固然艰难，唯有砥砺前行，才能看到不一样的风景。有心理学家经过研究发现，很多人的天赋相差无几，之所以有的人遭遇惨败，有的人能够获得成功，并非因为他们在先天的条件方向迥异，而是因为他们面对失败的态度截然不同。

胆怯者因为怕得不到成功，所以在没有真正去做之前就先否定了自己，美其名曰未雨绸缪，实际上已经严重过度，变成了杞人忧天。所谓人生不如意十之八九，别说不敢去做，就算真的敢去做，也未必能够如愿以偿得到好的结果。所以面对人生的困境，每个人都要坚定勇敢，砥砺前行。很多情况下，人们所担忧的情况并非真的会发生，也验证了很多人的焦虑不安其实完全没有必要。一件事情或许看起来很难，唯有真正去做，才会发现一步一步向前走，事情并没有我们想象中那么糟糕。所以人生固然需要未雨绸缪，如果处境艰难，在尽量设想更长远的基础上，能够走一步看一步，随遇而安，顺势而为，也是不错的选择。

生命就像是一条奔腾不息的河流，时而水流舒缓，时而水流湍急，每个人都要摸着石头过河，才能在生命的河流中逆流而上，渡过最危险的河滩。还有人说生命是一场没有归途的旅程，的确，人生是单程票，每个人要想在人生中收获更多，就必须放缓脚步看风景。也许到达人生的目的地会毫无收获，但是旅程中看在眼里记在心中的一切，就是最大的收获。人们常说，不识庐山真面目，只缘身在此山中，实际上，不仅因为身在此山中，也因为熟悉的地方是没有风景的。所以每到节假日，人们四处玩乾坤大挪移的游戏，或坐车或开车，或搭乘飞机满中国跑。很可能九寨沟的人去了西藏，而西藏的人不远千里去了九寨沟，也或者国外的人来中国旅游，中国人有条件的不惜付出昂贵的旅费，去了国外看风景。正如有位名人说的，你站在桥上看风景，很有可能你本身也是桥上的一道风景，被不知名的人看着。然而，要想看到人生中更多的风景，更重要的在于走出去，看过去。否则一个人如果像井底之蛙一样每天都留在家里，那么不管多么努力和辛苦，他们也无法看出去，所见的只是眼前的小小天地。

不仅看风景如此，对于人生中的很多事情，都是同样的道理。越是当处境艰难的时候，我们越是应该努力勇敢地去做，这样才能在做的过程中不断调整，也才能在人生的道路上砥砺前行。记住，一个人哪怕遭遇失败，甚至承受巨大的损失，也远远比什么都不做来得更好。人生是没有回头路可走的，生命的时光更不可能倒流。尤其是在追求梦想的道路上，更应该拼尽全力，勇往直前，否则一旦错失实现梦想的最佳时机，一切就会变得面目全非。有人说人生是漫长的，有人说人生是短暂的，归根结底，人生还是短暂的。每个人都要珍惜青春好时光，都要在最合适的时间做最该做的事情，才能事半功倍，效率倍增。

靠着实力打拼，永远受人钦佩

俗话说，三百六十行，行行出状元，这句话燃起了无数人心中的希望，让他们哪怕从事着卑微的工作，也依然满怀热情和激情，充满希望，绝不放弃。实际上，这并非只是一句激励人、给人信心和勇气的话，而是一句道出很多事情真相的话。现代社会发展越来越快，很多人都承受着巨大的生存压力，为此他们感到内心不安，不知道如何才能拥有属于自己的事业，打拼出自己的人生天地。其实，不管社会如何发展，也不管时代如何变迁，最重要的就是尊重自己，坚守内心，而不要人云亦云，导致凡事总是被动。

细心的朋友会发现，很多人心思过于活络，总是稍微有点风吹草动就马上掉转方向，而有些人却不忘初心，始终坚持既定的人生方向和目标。看起来，后者无法抓住人生中转瞬即逝的很多好机会，但是最终他们的发展却很好，而且人生也在不断的沉淀和历练中，变得越来越充实厚重。而前者呢，尽管有着敏锐和机智，尽管看似抓住了每一个人生机会，实际上他们最终却一事无成，就是因为他们改变的速度太快，反而失去了对人生的坚持。人，不可能只凭着抓住机会就获得成功，即使有些人真的看似在某些契机下轻而易举就获得了成功，那也只是表面现象。其实他们的成功更多地来源于平日的努力和坚持，也少不了不断的积累和突破。所以朋友们，不要被他人成功的表象所迷惑，也不要觉得他人的成功来得很容易。这个世界从未有天上掉馅饼的好事，也没有免费的午餐供人享用。任何情况下，努力都是通往成功的唯一途径，也是绕不过去的成功必经之路。

不可否认的是，真的有投机取巧的成功存在，但那只是一时，而不是一生一世。每个人，不管是普通平凡，还是有着独特的过人之处，都要端正心态，认识到人生的真相，坚持不懈地付出，最终才能成就人生，也才能创造人生的奇迹，收获人生的非凡成就。正如一首打油诗里所说的，流自己的汗，吃自己的饭，靠人靠天靠祖上，不算是好汉。的确，靠树树会倒，靠人人会跑，只有自己才是唯一的依靠。所以一个人要想为自己找到立足之地，就一定要以实力为自己代言。如今很多年轻人都希望找到成功的捷径，上天入地地找贵人、找各种途径，但是最终却发现人生根本没有捷径，也不可能被他人替代走过最艰难的路程。

常言道，人生不如意十之八九，这就告诉我们每个人在人生之中都会遇到各种艰难坎坷，也会遇到形形色色的意外惊喜和惊吓。然而不管怎样，人生之路都要坚持下去，都要勇往直前走下去。凭着真本事吃饭，养家糊口，当然是不容易的，遇到困境，遭遇困厄，都是意料之中的事情。但是，没有人能够完全摆脱这样的困境，只要活着，就必然要不断承受，也要积攒起自己所有的力量勇敢向前，绝不懈怠。

也许你有显赫的家世和背景，也许你出身贫寒一无所有，无论怎样，你都只能依靠自己打拼人生，行走人生。也许别人的帮助能够暂时让你摆脱困境，或者进步更快，或者收获更多，然而别人不可能帮你一辈子，即使全心全意、无怨无悔付出的父母也不可能帮你一辈子。归根结底，你要用实力为自己代言，才能赢得做人的尊严，得到他人的钦佩。有很多朋友都因为被与父母或其他有权势的人联系在一起而苦恼，殊不知，如果想成为独立的生命个体，如果想在人生中有更好的发展和更精彩的未来，就要拼尽全力去努力，就要为了梦想而艰难跋涉，到达人生的巅峰。

梦想并不奢侈，甚至很多人随时随地都能树立梦想。然而，要想实现梦想，最关键的在于有着坚韧不拔的决心和毅力，能够排除万难勇敢去做。否则一味沉浸在实现梦想的快乐中，却始终停留在原地，以思想代替真正的行走，怎么可能真正实现梦想呢！记住，人生没有回头路，也没有时光穿梭机可以把你送回过去，既然如此，你要做的就是在每一次选择之后都无怨无悔，都当机立断去做。朋友们，趁着还年轻，让自己强大起来吧！强大你会拥有更多的回头率，也会在人生之中创造更多的辉煌成就，收获更多的璀璨奇迹！

脚踏实地实现梦想

对于梦想的理解，很多人都走入了误区，甚至觉得梦想就是每天坐在家里、躺在床上天马行空地去想象。当然，我们不能否认这是梦想诞生时的状态之一，因为的确有很多梦想是天马行空出现的。但是不得不说的是，这只能是梦想诞生时的状态，一旦梦想成型，就必须当机立断付诸行动，才能真正推动梦想向前发展，真正把梦想变成现实。

很多人在面对梦想时都会走入极端，他们一则觉得梦想要非常远大，才能对人生起到切实有效的引导作用；二则觉得梦想必须有不切实际的特点，才能称为梦想。其实，梦想并非是不切实际空想的代名词，而是要脚踏实地，才能真正改变人生，完善人生。每个人对于成功的定义是不同的，对于梦想的理解也截然不同，归根结底，这是因为每个人都有自己的人生状态，每个人成长的背景、受到的教育等也截然不同。所以，每个人对于梦想的界定也完全不同，有人觉得成为美国总统才算是真正的梦想，也有人觉得下次考试时能够前进5个名次就是梦想。记得在一期《中国好声音》上，有个满脸络腮胡的大男孩，梦想就是要为东北的父母在春暖花开、四季如春的云南买一套房子，这样等到寒冷的冬天到来，父母就可以如同候鸟一样去云南度过温暖舒适的冬天了。这个梦想和其他选手所说的要成为歌唱家给人带来快乐，或者引领中国音乐潮流的那些梦想相比，过于朴实。然而正是这个朴实的梦想打动了在场的所有人，也让人们看到这个大男孩心底的渴望和温情。

如果你的梦想很远大，远大到不切实际，那么不要害怕说出来会被人嘲笑。如果你的梦想很渺小，渺小到说出来同样会被人嘲笑，你依然要大声地、坚定不移地说出自己的梦想。要记住，任何时候，梦想都是只属于我们自己的，也唯有我们自己才有资格评价梦想。至于别人说什么或怎么看，对于我们而言其实并不重要。心若坦然，人生也便自在安然。在实现梦想的道路上，只有坚定不移的前行者才能有所成就，也只有不忘初心方得始终。

现代社会，人人都生活得紧张忙碌，也都承受着巨大的生存压力。就连孩子，都为了不输在起跑线上，而不遗余力地往前奔跑。然而，归根结底，人生是必须脚踏实地的。好高骛远不能成就人生，眼高手低也不能成就人生，唯有脚踏实地，在人生的道路上砥砺前行，才能真正成就人生，才能在梦想之下建立自己的王国。遇到困境，有人会求助于根本不存在的上帝或神仙，实际上，只有自己才是自己的救世主，只有自己才能真正拯救自己。与其把希望寄托在虚无缥缈的人身上，不如当机立断开始思考对策，靠着自己渡过难关。记住，人生不需要突飞猛进的发展，而是要如同爬台阶那样一步一步稳步向前，也许速度没有一飞冲天那么快，但是却一步一步脚踏实地，稳稳当当，不容易出现纰漏和错误。当然，这并非是为了避免错误而采取的办法，而是因为人生的节奏原本就是如此。就像一年四季唯有春天才是万物萌动的季节，就像银杏树要经常漫长的等待才能开花结果一样。对于人生，我们也要怀着孕育的心态，才能在人生中潜下心来，在积累中不断成长，在经历中走向成熟。

有勇气登顶，才能看到不同的风景

有过爬山经验的朋友都知道，在山脚下只能仰视山的高大巍峨，唯有到达山顶，才能尽情地一览众山小。在半山腰时，又会因为身处峡谷，而有可能看到深山幽涧中不常见到的风景，欣赏到非同寻常的幽暗景色和茂密丛生的草丛。对于爬山过程中不同的风景，每个人都有自己的偏爱，有人喜欢高山仰止，有人涉足人迹罕至的地方，还有人最喜欢登上顶峰，享受一览众山小的开阔视野，也享受指点江山的豪情。在这些不同的风景中，山顶的风景是最难得的，它既不同于在山脚下就能看到的风景，也不同于在半山腰看到的秀丽风景，而是拥有大格局与大气度，让哪怕是心思狭隘的人也会突然间觉得心胸开阔，让那些心怀天下的人陡然生出不可形容的豪情。到达山顶，首先要有勇气，否则凭什么看到不同的风景呢?

现实生活中，很多人都有惰性，这里所说的惰性并非是懒惰的意思，而是说人有一种惯性，愿意因循守旧，而不想轻易做出改变。在这种情况下，人生当然很容易陷入一成不变的怪圈，也会由于各种各样的原因失去进步的机会和可能性。从这个角度而言，要想看到不同的风景，除了要有勇气之外，还要先于勇气拥有野心。

在西方国家，有一个富翁年轻时一贫如洗，甚至当过一段时间的乞丐。后来，他想方设法改变命运，做过各种各样的苦活累活，最终成功地以卖画发家致富，成为不折不扣的大富翁。大富翁没有成家，因而在离开人世之前，把大部分财产用于慈善事业，又因为灵机一动想要启发更多人努力致富，所以留下了一道谜题。在他去世后，律师把他的谜题公之于众，向公众征求答案。看到问题，很多人纷纷给出了回答，邮寄到指定的地址。一段时间之后，揭晓答案的日子到了，律师请来公正人员揭开谜底。

大富翁的谜题是："穷人最缺少什么？"人们的回答五花八门，有人说缺少人脉，有人说缺少知识，有人说缺少朋友，有人说缺少金钱的支持。在无数封来信中，只有一个十几岁的小姑娘说出了答案，那就是野心。原来，大富翁认为，穷人之所以总是贫穷是因为他们从来没有野心，也从来不想改变现状。有记者采访猜中谜底的小姑娘："孩子，为何你会想到野心这个答案呢？"小姑娘骄傲地笑了，说："每当姐姐带着男朋友回家的时候，如果发现我在看她，她总是恶狠狠地说'不要有野心'，所以我认为野心一定是非常可怕的东西。"听到小姑娘的解释，人们都觉得很神奇。

的确，很多穷人之所以始终贫穷，并非因为他们不够努力，也不是因为他们缺乏梦想，而是因为他们没有野心。没有野心，他们就会安守本分，连改变生活的想法都没有；没有野心，他们在生命之中就很被动，无法成为生命的主宰，更不可能驾驶生命之舟奋勇向前。野心从来不是褒义词，但是也不再是贬义词，而是中性词。在特定的语境中，野心是对人的认可和褒奖，也会对人生起到至关重要的作用。

对于用旧的器物，人们总是说旧的不去，新的不来。对于生命中不断的轮回，我们也要学会打破旧的，创造新的，从而为生命注入活力，也给予生命值得期许的未来。记住，只有能吃苦的人，才能到达人生的巅峰，看到别人看不到的风景。明白这一点，你还会抱怨命运多舛，还会因为命运的反复无常而感到痛苦吗？人生中，真正的强者必然会鼓起百倍的信心和勇气，扬起生命的风帆，勇往直前，绝不退缩。

突破自我，战胜自我，让人生更璀璨

现实生活中，很多人的人生都是凑合出来的，他们对于每天的衣食住行凑合、对于生命的选择稀里糊涂，对于爱情也可以委曲求全。当然是后者。这样的人生，只是听一听就让人想起那句话“如同鸡肋，食之无味，弃之可惜”。把好好的人生变成这样，不得不说是让人悲哀的，甚至让人忍不住想要结束生命。

前几年热播的电视剧《何以笙箫默》中，男主角的一句话瞬间戳中追剧人的心——“如果世界上曾经有那个人出现过，其他人都会变成将就，我不愿意将就”。虽然这句话中没有任何与爱有关的字眼，但是平实的语言却给人带来透彻心灵的温暖。的确，面对无奈的人生，面对残酷的现实，面对故意捉弄我们的命运，我们还能怎么样呢？如果不能奋起抗争，不能果断坚持，那么就只能凑合。一次又一次的凑合，让生命在不断的流逝中渐渐褪色；一次又一次地将就，看似对眼下的人生没有太大的影响，实际上却因为积累而深深地中伤了人生。

人生从来不是用来装的，每个人都应该更在乎内心的感受，而不要总是把所谓的形式放在第一位。人生也从来不是用来凑合的，凑合的选择不是对人生宽容，而是对自己的懒惰宽容。唯有努力认真生活的人，才能得到生命的馈赠，才能在生命中有更好的表现和更大的发展。反之，凑合的人生必然越过越差。这就像是学生在考试之前给自己制订目标，那些奔着100分去的学生，至少也能考个90多分，而那些只想及格的同学，则总是每一科都飘红。理想和现实之间，总是还有些差距。理想越低，就越是背离现实；理想越高，就越是接近现实。所以人人都要最大限度实现理想，毕竟理想不是人生的奢侈品，而是必需品。把理想当作生活的一部分，就成就了梦想。退一步而言，就算理想不能实现，也会给人生带来更多的努力和勤奋，让人生更加拥有好运气。

对于学习，我们不能将就，现行的高考政策尽管有不合理之处，却很难找到取代的办法，我们必须以成绩为自己代言，以努力为自己加分；对于工作，我们不能将就，因为每一点一滴的付出，都会给予人生不一样的收获，将就固然能一时欺骗别人，却不能长久地欺骗自己；对于爱情，我们不能将就，就像何以琛说的，也许原本是可以将就的，因为根本就不知道爱情应该呈现的样子，但是在遇到对的人之后就不能将就，因为一切的将就既是对自己不负责，也是对他人不负责……既然人生之中事事都不能将就，时时都不能将就，我们又该怎么做呢?

不管你对人生的标准和要求是什么，你都必须做好一件事情才能应付复杂的情况，那就是不断地突破自我、超越自我，从而真正提升和完善自我。人生是瞬息万变的，我们周围的人和事情也在不断地改变，与其被动地变，不如以不变应万变，这样才能让人生从容，也才能给予人生别样的发展和未来。然而，现实生活中，很多人都想不明白这个道理，他们不懂得唯有提升自我才能从根本上解决问题，盲目跟着形势去改变，只能使自己混乱不堪，不知所措，也让自己焦头烂额，对人生失望至极。人生是没有错的，错的是我们面对人生的方式。朋友们，面对人生，一定要坚定不移，要理智从容，这样才能享受人生，而不是被人生追着逃之夭夭。

不要因为害怕失败，就不敢面对成功

曾经有一名保险代理人被客户质疑：“这么多年来，你理赔过多少个身故、多少个大病？”如果是一般人，肯定会被这个问题难倒，但这是一个有着18年从业经验的保险代理人，所以他很从容地反问客户：“难道你能保证自己就一定是不会被理赔的那个吗？”客户一时语塞，尽管有些恼火，却不知道该说些什么。的确，这就是保险的意义所在，很多发生在别人身上是故事，一旦发生在自己身上，则成为百分之百的事故。大多数不买保险的人都是心存侥幸，而大多数主动买保险的人，都知道概率只是大数据，并不精确到每个人身上。

现实生活中，很多人因为畏惧失败，不敢努力地争取成功，甚至连勇敢尝试都做不到。这又是为什么呢？就像一个人无法保证自己一定能够获得成功一样，也没有人能保证自己一定会遭遇失败。既然成功与失败的可能性永远都是各占50%，我们为何要为了避免失败，就连成功的机会也放弃了呢！退一步而言，就算失败，也能从失败的经历中获取经验，让自己体验更多，进行总结，从而距离成功更近一步。但是和失败相比，完全放弃努力则是更糟糕的结果，就连汲取经验都成为不可能，就连成功的希望都不曾拥有，这岂不是人生最大的悲哀吗？所以说，任何时候都不要妄自限定自己，也不要自己吓唬自己。人生是反复无常的，我们唯一要做的就是做好准备，坦然面对，从容应对。

早在读大学时期，刘刚就很喜欢思思，但是他很清楚自己只是一个来自农村的穷小子，而思思的家就在大学所在的城市，她的父母都是高干，家境殷实，社会地位也很高。每当想到这些，刘刚就情不自禁地退却了，有的时候他明显感觉到思思似乎也对他有好感，但他就是不敢相信，还劝说自己："你一定是单相思太严重，所以出现幻觉了。"就这样，从大三单相思到大四，刘刚始终不敢表白。他原本想趁着毕业聚餐的时候以小醉掩饰自己，向思思表白，即使被拒绝以后也不会经常见面，但是在聚餐那天，思思却带着一个高大帅气的男孩一起到来。原来，这个男孩是思思父母世交家的孩子，他们俩算是青梅竹马。刘刚一下子蒙了，宴会时他甚至不敢和思思说一句话，却时不时地看着那个男孩，暗暗想如果自己能成为思思的男朋友该是多么幸福。

宴会结束时，思思送给刘刚一本精美的日记本，这让刘刚受宠若惊。他醉眼蒙眬地回到宿舍，打开日记本一看，感到很惊讶，因为这不是一本全新的日记本，尽管它的封面很新，但是里面却已经写了很多页。刘刚一页又一页地看去，日记本里都是思思对他的喜欢和爱慕。看到一半，刘刚就忍不住要给思思打电话互诉衷肠，然而等到坚持看完，他的心感到冰凉冰凉的。在日记本的最后一页，似乎还沾染着思思的泪痕，思思悲伤地写道："毕业在即，我等待3年的表白始终没有到来，我想我不是他喜欢的那种女孩。爸妈催着我和凯订婚，他们一直以为凯是我的唯一，却不知道我的心默默地爱过另一个更优秀、更让人心疼的男孩。明天就是毕业聚会的日子，让我与曾经的痴恋告别，让我与疼爱我的凯步入婚姻，成为比父母更疼我的凯的父母的儿媳妇。也许，这一切才是最好的安排。"刘刚恨不得把自己杀死，原来思思早就喜欢他，是他的怯懦让他错过了这么优秀善良的女孩，也让他错过了原本属于自己的幸福。

在这个事例中，刘刚是非常怯懦的，他明知道自己应该表白，也知道爱情与世俗的一切无关，就是不能下定决心表白，最终等到他要表白的时候，默默暗恋他3年的思思却选择了重新开始。在这样的情况下，刘刚当然不能去打扰思思，否则他就是不道德的。然而，他到底为什么错过呢？思思并不高高在上，也不颐指气使，尽管出身高干家庭却善解人意，可以说，阻挡刘刚的是他的自卑，是他的胆怯，也是他因为惧怕失败而放弃了的成功机会。如果他早一些表白，就能与思思两情相悦，最坏的情况也就是被思思拒绝，哪怕丢掉小小的面子，也比错过一生的幸福更好吧！

现实生活中，很多朋友都害怕被拒绝，也害怕承受失败，归根结底是因为他们过于在意他人的眼光和评价，也不知道如何面对遭受挫折的自己。人在一生之中总是要面对各种各样的困境，如果因为内心幻想着可能会出现的失败就彻底否定自己，也不再进行任何努力和付出，不得不说，这是得不偿失的。每个人都应该找回心中的希望，也应该最大限度增强自己的承受力，让自己成为真正的强者，坦然面对人生的一切境遇。否则，如果因为恐惧而把自己变成套中人，这样的人生还有什么意义呢！勇敢地奔向成功吧，在没有真正失败之前，你永远都有可能成功。在真正失败之后，你将会更有可能获得成功，因为你能够从失败中汲取经验和教训，督促和鞭策自己避过失败，奔向充满光明的前途。

参考文献

[1]鸩衣. 把梦想交给自己来实现[M]. 北京：中国华侨出版社，2016.

[2]罗素一. 只要坚持，梦想总是可以实现的[M]. 北京：中国法制出版社，2016.

[3]罗永慧. 梦想还是要有的，万一实现了呢[M]. 北京：中国法制出版社，2016.